U0384822

交互设计的理论基础与应用研究

黄姜迪◎著

中国戏剧出版社
CHINA THEATRE PRESS

图书在版编目（CIP）数据

交互设计的理论基础与应用研究 / 黄姜迪著. -- 北京：中国戏剧出版社，2024.4
ISBN 978-7-104-05478-8

Ⅰ. ①交… Ⅱ. ①黄… Ⅲ. ①人-机系统-系统设计 Ⅳ. ① TP11

中国国家版本馆 CIP 数据核字（2024）第 075378 号

交互设计的理论基础与应用研究

责任编辑：肖　楠
项目统筹：杨秋伟
责任印制：冯志强

出版发行：中国戏剧出版社
出 版 人：樊国宾
社　　址：北京市西城区天宁寺前街 2 号国家音乐产业基地 L 座
邮　　编：100055
网　　址：www.theatrebook.cn
电　　话：010-63385980（总编室）　　010-63381560（发行部）
传　　真：010-63381560

读者服务：010-63381560
邮购地址：北京市西城区天宁寺前街 2 号国家音乐产业基地 L 座

印　　刷：天津和萱印刷有限公司
开　　本：787mm×1092mm　1/16
印　　张：11
字　　数：183 千字
版　　次：2025 年 1 月　北京第 1 版第 1 次印刷
书　　号：ISBN 978-7-104-05478-8
定　　价：65.00 元

版权专有，违者必究；如有质量问题，请与出版社联系调换。

前言

信息技术和人工智能的发展，改变了人们的沟通、交流与生活模式，人与人、人与物，甚至物与物之间的关系产生了巨大的变化。20世纪80年代，交互设计作为一个独立的设计领域被正式提出，日益受到人们的重视，随着应用的普及，逐渐形成一个专业领域。交互，就是相互作用，在人们使用产品时，人和产品之间就产生了交互关系；设计，就是理解和表达。交互设计不是现在才有的，而是一直都存在的。在传统工业模式下，人与物之间的关系相对简单，如早期的电饭锅只有一个按键，开始煮米饭时按下开启键，当按键自动弹起时表示米饭已经煮熟，产品的功能单一，人与产品的交互模式相对简单。人们对生活品质的追求和新技术的发展，赋予了产品更多的功能，如现在的电饭锅不仅能煮米饭，还能熬粥、煲汤甚至做蛋糕等，人们面临多种选择，人与产品之间的关系变得更加复杂。在此背景下进一步有效地理解人们获取和处理信息的机制与能力，从而设计相应的智能交互系统，变得更加重要。

交互设计用于设定人与物之间的交流模式，其核心是在人和物之间创建有意义的个性化互动。交互设计师通过协同运用数字媒体、人机交互、人工智能、大数据、互联网等技术进行信息的承载、解读、重构及传达，最终以视觉、听觉、触觉等多种感觉的形式来提供特定的交互体验。交互设计注重“研究”与“设计”的关系，理解用户的内在需求与体验，并在“不确定”到“确定”的探究过程中，寻找合理的设计解决方案。交互设计的学习从发展“同理心”到实践“同理心”，既发挥“想象力”，又遵循“逻辑性”；既追求“美”，又注重“实用性”。因此，这是一个跨界的实践过程。

交互设计关注的是人工制品、系统和环境的行为，以及如何通过外形元素来传达和定义这些行为。传统设计学科往往专注于形式和外观，而交互设计则更注重内涵和内容，主要是描述和规划事物的行为方式，再寻找最有效的方式来传达这种行为。对于用户来说，交互设计是一门技术，旨在让产品易于使用且有效。

它专注于深入了解目标用户及其需求，探究用户与产品交互时的行为，以及人的心理和行为特点，还致力于探索各种有效的交互方式，并对其进行改进与扩展。如探究用户对交通工具的需求，不是探究用户究竟是需要一辆汽车还是一匹跑得更快的马，而要明白，事实上，用户需要的是如何快捷和舒适地位移，位移的方式可以通过汽车、马、火车，甚至共享单车或其他方式进行，而交互设计就是去构建愉悦的需求关系。

在人工智能和大数据时代背景下，从理论到实践，探索媒介交互的哲理和应用，在设计进入非物质化设计时代，通过交互设计优化人与物、物与物，甚至人与人之间的需求与关系，为人们提供更好的产品与服务，而最好的交互设计就是人们在通过媒介交流时，感受不到交互的存在。

本书共分为五章内容，讲述了交互设计的理论思维与应用研究。本书的主旨是通过对交互设计进行详细阐述，使得读者能明白交互设计的相关知识内容。本书从理论和实践两个方面探讨交互设计的方法、探讨交互设计在不同领域的应用。

在撰写本书的过程中，笔者参考了诸多学术文献，得到了许多专家学者的帮助，在此表示真诚的感谢。由于笔者水平有限，书中难免有疏漏之处，希望广大同行及时指正。

黄姜迪

2023 年 9 月

目　录

第一章　交互设计简述

本章对交互设计进行简要概述，主要讲述了四部分内容，分别是交互设计的概念、交互设计的特征原则、交互设计的发展、交互设计技术的类型。

第一节　交互设计的概念

随着计算机科学技术的产生与发展，交互设计最初是以界面设计和图形设计的形式产生并蓬勃发展的。直到20世纪80年代，交互设计作为一个独立的设计领域被正式提出，并日益受到人们的重视。交互设计，尤其是数字产品的交互设计，随着应用的普及，逐渐形成一个专业领域。交互，就是相互作用，在人们使用产品时，人和产品之间也就产生了所谓的交互关系；设计，就是理解和表达。用户对智能产品的认知主要基于对信息的阅读和加工，如何进一步有效地理解人类获取和处理信息的机制和能力，从而设计相应的智能交互系统变得极其重要。

一、交互设计的提出背景

1946年，人类发明了第一台电子计算机，早期的计算机体积庞大，使用领域也很有限，主要用来编写程序和执行处理命令，所以它的使用者主要是一些相关领域的技术工程师、专家、科学家等。随着时代的发展和科学技术的进步，计算机不仅在专业领域有需求，还被广泛运用到人们日常生活和工作的各个领域，计算机产品几乎可以用来完成人们想要达到的任何事情。如今的计算机小巧、轻便，芯片的科技含量越来越高，使用者不仅有专业用户，也有普通用户。随着互联网技术的发展，用户群体越来越广，需求也越来越复杂。

最早提出“认知摩擦”这个定义的是一位美国数学家——阿兰·古柏（Alan Cooper），他认为认知摩擦是指人类智力在面临不断变化的问题和复杂系统规则时所遇到的阻碍，这是产品设计不良的一种表现。计算机技术刚开始被运用到产品中时，只是在技术层面简单拼装，不管这个技术是否适合且能满足人们的需要。因此，带来了很多的问题，有些可能是致命性的。这些问题促进了一种新的设计的诞生，它必须了解用户的目标、研究用户的特征，从而构建系统性的行为，更有效地去满足人们的需求，这就是交互设计。交互设计，这一专注交互体验的新兴学科，诞生于20世纪80年代。在1984年的国际设计会议上，由IDEO公司的创始人之一比尔·莫格里奇（Bill Moggridge）首次提出，起初他将其称为“软面”（Soft Face），但考虑到这个名字与当时流行的玩具“椰菜娃娃”（Cabbage Patch Doll）相似，因此他决定将其更名为“Interaction Design”，也就是交互设计。

二、交互设计的含义

“交互设计”这一词的重点在于“交互”，可将它拆分为互相和动作，以及交互性。互相和动作，指通过了解用户的期望，从而设计相应的交互行为让用户和产品有效地相互沟通，达到满足用户需求的目的；交互性则不仅限于产品的技术系统，还包括其他非电子类产品、服务和组织。传统上的交互被称为人机交互（HCI），包括三个要素，即人、机和二者之间的交互。随着时代的发展，交互的范围在逐渐扩展，包括使用基于数字技术开发的产品、信息或服务，以提供给用户更好的服务体验。交互设计是一门技术，旨在让产品易于使用且有效，它专注于深入了解目标用户及其需求，探究用户与产品交互时的行为，以及人的心理和行为特点，还致力于探索各种有效的交互方式，并对其进行改进与扩展。

自从比尔·莫格里奇明确提出“交互设计”这一词，这一概念还没有统一的定义，不同的学者对交互设计有着不同的定义（见表 1-1）。

表 1–1　交互设计的定义

出处	定义
阿兰·古柏（Alan Cooper），美国数学家	交互设计是人工制品、环境和系统的行为，以及传达这种行为的外形元素的设计与定义。传统设计学科主要关注形式，交互设计更加关注内容和内涵，首先旨在规划和描述事物的行为方式，然后描述传达这种行为的最有效形式
唐纳德·诺曼（Donald Norman），美国认知心理学家、计算机工程师	交互设计是人类交流和交互空间的设计，是用户在使用产品过程中能感受到的一种体验，是由人和产品之间的双向交流所带来的，具有浓厚的情感成分
海伦·夏普（Helen Sharp），英国开放大学软件工程教授	交互设计是人类交流和交互空间的设计，是创建新的用户体验，增强和扩充人们工作、通信及交互的方式，设计支持人们日常工作与生活的交互式产品

第二节　交互设计的特征原则

一、交互设计的特征

以用户为中心、可用性、用户体验和迭代是一个产品从无到有、从有到优的重点，也是产品交互设计过程中的特色。

（一）特征一：以用户为主

交互设计的本质内核是以用户为中心，不但要以技术作为牵引力，将用户置于整个过程的中心，还要把用户目标作为产品开发的牵引力，挖掘他们的目标，并运用设计者的判断力和技术来设计出优秀的系统。这并不是单纯的技术，而是一种设计理念。探寻用户的目标、喜好和需求，并基于此进行产品开发，这是以用户为中心的设计目标。从广义上讲，用户有两层内涵，一是用户是人类的一部分，二是用户是产品的直接使用者。在交互设计中，用户一般指与交互系统相关的个体或群体，分为直接用户和相关用户两大类。直接用户指与交互系统直接相关的人，经常使用交互系统和偶尔使用交互系统的用户；相关用户指与交互系统间接相关的人，如研发人员、管理人员、测试人员等，这些相关人员首先是使用者，其次才是设计者，设计者不能主观臆断用户的意图，应从使用者的角度来思考问题。在交互系统设计中，设计者主要的关注对象是与交互系统直接相关的人，这些用户还分为初学者、中间用户和专家用户，其中数量最多、最稳定、最重要和最永久的是中间用户，但也不能忽视其他用户。对待用户，设计师应从不同的视角考虑，在生理上，每个人的特征都不同，用户的年龄、职业和体貌特征等都会影响设计师的决断。在心理上，不同国家、不同地域的文化差异，身份、知识水平的差异，对颜色、方向感、记忆力等的敏感程度，也是设计师在设计交互系统时要考虑的因素。

（二）特征二：可用性

可用性是国际上公认的标准，用于衡量产品在满足用户身心需求方面的能力。根据国际标准化组织（ISO）的相关标准，可用性的定义是指在特定环境中，用户使用产品完成特定任务时的交互过程的有效性（effectiveness）、效率（efficiency）和用户满意度（user satisfaction）。有效性是衡量用户达到既定任务和目标的能力的尺度；效率是用户完成特定目标和任务的完整程度和正确程度及其所用资源的比率，简言之，它是衡量用户“用多少资源做多少事”的指标；用户满意度是一个主观的评价，反映了用户在使用产品或服务时的整体感受。可用性具有多种属性，它包括可学习性、效率、可记忆性、出错率和满意度五个方面。可学习性指用户能够在短时间内学习如何使用产品，并且首次使用产品时感到容易完成目标任务，是最基本的可用性属性；效率指用户通过学习，使用产品的熟练程度达到学习曲线平坦阶段的稳定绩效水平，也就是用户完成任务的速度情况；

可记忆性指用户在一段时间不使用产品，重新使用该产品时是否能够借助之前的学习、经验、回忆重新熟练使用；出错率指用户在使用产品时的错误操作次数，以及这些错误是否容易被纠正；满意度指用户在使用产品时，主观上所感受到的愉悦程度，也是最终的可用性属性。作为可用性属性，满意度可以从客观和主观两方面度量，由于客观度量主要通过专业设备采集心理、生理的指标来评估，会给用户造成压力和紧张感，影响测试结果，主观度量时一般外界环境比较轻松，可以采用访谈的方式来询问用户的想法，并辅以问卷来度量，因此一般推荐采用后者。

（三）特征三：用户体验设计

在项目开始时，设计师应该确定特定的可用性和用户体验目标，作明确说明，并与需求达成一致，这有助于设计师选择不同的候选方案。"用户体验"这个概念是由认知心理学家唐纳德·诺曼在20世纪90年代中期提出的，指用户在使用产品的过程中或使用后，与产品系统进行互动时，在心理上的感受，具有很强的主观性，但也受到客观因素的影响。从用户的层面来说，用户使用产品追求的是物质和精神上的双重体验，在与产品进行互动体验中除了要达到可学习性强、效率高、可记忆性好、出错率低和满意度高这些可用性目标；还应具备美感、令人愉悦、使人有成就感、使情感得到满足，因此用户体验贯穿在一切设计和创新的过程中。从营销的层面来说，用户体验是一种与体验经济相适应的体验营销，通过舞台（企业服务）、道具（产品）、布景（环境），使用户在特定的时间和场合感受到使用产品的美好过程，从而激发其购买欲望。从设计层面来说，始终坚持以人为中心的设计思想，让产品满足用户的物质和精神需求，也就是用户体验设计。用户体验在交互设计每一个环节的提高都会对用户的综合满意度有所贡献，因此设计师不应仅仅关注产品的可用性，用户体验的所有环节都应受到重视。

（四）特征四：迭代

迭代是不断重复的过程，通过循环反馈逐步逼近所需的目标或结果。每一次重复执行的过程称为一次迭代，而每次迭代的结果会被用于下一次迭代的起点。通过迭代中的反馈，来促进设计师改进或优化产品设计。没有绝对完美的产品，用户总会有新的需求，用户的需求也是在使用产品的过程中不断发现和满足的。对产品的研发人员来说，要想让用户长期使用并且吸引更多的用户来体验产品，一定要不断地迭代，以满足用户的不同需求。产品的迭代要关注用户需求的优先级。首先，是对产品核心流程的强化，其目标是最大限度地提升产品的核心竞争力。其次，是与商业目标相契合。最后，是资源的最优分配，通过资源的有效配置才能真正发挥产品的价值。在产品诞生及成长阶段，核心用户是种子用户，他们最大的特征是忠诚度不高，有很强的好奇心，所以这个阶段的迭代频率适合“小步快跑”，每一两周就推出一个版本，不断开发新功能，优化体验。产品发展到稳定阶段后，产品功能和用户规模逐渐成形，这个阶段最重要的用户是主流用户，他们更加注重产品的体验和稳定性，所以这个阶段的迭代频率适合快慢结合，即以“小步快跑”的节奏满足“小”需求，如功能、漏洞（bug）优化等；以定期升级的节奏满足“大”需求，如新模块、UI（用户界面）改版等，大需求的时间周期可以保持在一年两到三次。最后，产品由盛转衰，逐渐发展到衰退阶段，这个阶段最重要的用户是相对稳定的主流用户，这类用户不会轻易更换使用习惯了的产品，只要产品能够满足他们的需求，他们是不会轻易放弃的，因此这个阶段的迭代更新，是节奏相对慢的小需求迭代，迭代频率可以保持在一个月左右。设计人员只有通过这种方式才能发现问题并解决问题，从而做出更好的产品。

二、交互设计原则

在人机交互的设计过程中，基于人类的认知规律，对设计做出相应的指导，并对已形成业内共识的设计经验进行总结，这就是交互设计的原则。它能够帮助交互设计师更好地提高效率、界定问题和解决问题。设计出具有优秀用户体验的交互产品是设计师始终追求的目标，“好的交互设计一定是建立在对用户需求的深刻理解上”已经成为设计师的设计准则。

（一）可学习性

在现有的知识与经验中，目标用户无须思考就可轻松理解产品界面，或者通过一定的学习指导和提示说明，便可理解产品界面的操作，那么这个界面就具有很好的可学习性。可学习性的主要内容有：明确用户当前所处的位置，知晓当前可进行的操作及下一步的行动方向，快速识别和理解界面的元素与性能。在设计时，可以使用有效提示、习惯用法和合理的隐喻。比如，手机里收音机的调频显示与音量的大小操控，通过模拟真实的收音机设计，使用户一清二楚。这种隐喻的手法有助于新用户快速学习。

用户在使用产品的过程中，需要进行学习和探索，产品应该允许用户犯错，并给予用户重新尝试的机会，使用户在放松的状态下使用产品。首先，产品应协助用户避免犯错。可以提供输入帮助或提示，例如，在登录邮箱时，如果用户忘了密码，在登录图标旁边可以显示一个“忘记密码”的提示标语，这样用户就可以放心地点击标语并解决问题；或者使用合理的控制软件，因为在同等情况下选择控件比输入控件更不易出错。当用户出错时，产品应提供撤销或返回功能，让用户可以返回到上一步并重新操作。此外，出错反馈要友好，不要冒失地打断或者指责用户的操作，相反，应当指出错误所在并给予有效的补救措施，帮助用户快速地学习和掌握正确的操作方法。

那么如何使交互界面具有可学习性？以下建议可供读者参考。

①交互界面主要是为目标用户（角色）设计的，而不是为所有人设计的。

②所有的行为习惯全都要学，而良好的行为习惯只需学习一次。

③在为日常场景设计交互界面时，不应让边缘场景主导设计。

④基于用户需求，界面的交互次数、功能和信息应当尽可能地精简。

⑤除了绘图操作，其他所有功能都支持键盘操作；除了输入文本，其他所有功能都支持鼠标操作。

⑥执行操作前可预知，操作中系统要有反馈，完成操作后可撤销。

⑦界面的操作方式应直观明了，无须他人帮助。

⑧使用户能随时了解当前所处的位置和状态。

⑨在设计时，应充分利用隐喻手法。

⑩对于日常使用的界面，应放在显眼位置，并尽可能地放大尺寸。

⑪界面结构应当合理布局，功能分布有序，重点有所突出。

⑫为了减轻用户的记忆负担，尽可能让用户辨别，而非回忆。

⑬控制颜色的种类，不要超过三种，避免使用过多显眼的颜色。

⑭尽量避免过多使用对话框，使用时对话框的深度不应超过三级。

⑮界面设计应关注用户的目标，而不是仅仅关注任务本身。

⑯尊重用户的行为习惯和思维方式。

好的习惯用法只需学习一次，如单选按钮（radio button）、关闭框（close box）、下拉菜单（drop-down menu）和组合框（combo box）等习惯用法。设计师要尽可能地迎合用户的习惯用法，完成可学习性交互界面的用户体验设计。

设计师还应当考虑用户可能出现的所有操作错误，并应针对各种差错，采取相应的预防或处理措施。要设想用户试图做对每一项操作，只是由于对操作的理解不全面或是不恰当，才会出现差错；要把用户的操作过程视为产品与用户之间自然的、有建设性的对话，要设法去支持这种对话，而不是去打击用户在对话中做出的回应；要让用户发现差错可能会造成的负面影响，但也要让用户能够比较容易地取消错误操作，让系统恢复到以前的状态；还要有意增加那些无法逆转的操作的难度。设计师设计出的产品要允许用户自己学习和探索操作方法。

（二）一致性

通常，用户在应对新情况时会感到困难。由于新情况存在多种可能性和不确定性，用户面对不熟悉的情况时，会试图弄明白哪些部分可以操作，如何操作。第一次接触产品的用户如果在过去曾经使用过类似的产品，就会把旧知识套用在新产品上，不然就得求助于产品使用手册。因此，设计师所设计出的交互产品应保持用户与交互产品的一致性，比如界面视觉表现、交互行为、操作结果等，使交互界面符合用户的使用习惯以保证用户能够顺畅使用。

一致性指两种事物之间的关系和谐，目标一致，简单地说，就是让用户用着习惯。比如，产品界面中启动按钮总是在右下角，若忽然改放左下角，用户就不习惯了，会感到别扭，这就违背了一致性原则。设计师运用空间类比设计出控制器，让用户一目了然地理解产品的操作使用。比如，使房间开关的排列顺序和灯的空间排列顺序相同，来控制房间的一排灯。除此之外，一致性也有生理和文化层面的内涵。比如，降低代表减少，升高代表增加。长度、音量、量度和重量随着数量的变化而变化。但是声音频率和数量之间却不存在这种变化关系，声音频率高不一定说明其数量多。另外，还有一些其他的一致性原则，其根据人的感知原理对信息反馈和控制器进行分类或分组。以唯品会、当当网、淘宝网等购物网站为例，不管用户采用何种搜索方式寻找商品，最终呈现给用户的商品列表都是有序的；用户在选择商品后，会进入商品详情页面，该页面会提供相关商品的详细信息以及商品评价等内容；当用户将商品添加到购物车或进行购买时，这一系列交互行为都遵循了一致性的原则。要想使产品好用且便捷，不仅产品功能的可视性要高，而且控制器和显示器的设计要匹配一致。

按钮与功能区的匹配一致性可以减轻用户的记忆负担。厨房电炉的炉膛和控制旋钮的排列是自然匹配一致的最佳例子。电炉的炉面设计问题看起来微不足道，但它说明了许多用户在使用过程中“遭受挫折”的原因所在。如果匹配关系不明确，用户就不能立即做出判断，不能知道哪个旋钮控制哪个炉膛。标准的电炉有4个炉膛，呈长方形排列。如果4个控制旋钮的排列是完全随机的，用户就难以记住每一个控制旋钮的功能。因为总共会有24种可能，从最左边的控制旋钮开始算，它可以控制4个炉膛中的任何一个，紧挨着它的那个旋钮则可以控制剩下3个炉膛中的任何一个。而如果旋钮的排列与炉膛的排列保持一致，很明显这样的排列提供了用户所需的全部操作信息，很容易便知道哪个旋钮控制哪个炉膛，这就是匹配一致性的好处。

炉膛设计很常见，部分地区应用了一致性原则。左边的两个旋钮用来控制左边的炉膛，右边的两个用来控制右边的炉膛（见图1-1）。炉膛和控制旋钮之间只有4种可能的组合关系（左右两边分别有两种可能的组合）。即便如此，用户在操作时也可能会感到迷惑。这时就需要在产品上附加标注，才能把使用方法说清楚。但是适当地应用自然匹配原则就能尽量减少使用标注的必要性。

图1–1　成对排列的炉膛控制旋钮

再如汽车座椅控制调节按钮。某汽车公司把调节座椅的按钮设计成车座的形状（见图1-2），让用户能很直观地理解并操控这一功能。若想把座椅的前端抬高，只需要把调节钮上的对应部位往上移；若想把座椅靠背往后放倒，只需把对应部位的控制钮往后移。这是一个自然配对极佳的例子。交互设计的高度一致性，使得用户不必进行过多的学习就可以掌握其共性，有助于用户学习，减少用户的学习量和记忆量，提高效率。

图 1-2 某汽车座椅控制调节按钮

图 1-2 某汽车座椅控制调节按钮

炉膛和汽车上的便捷功能，有许多共性。其中一个重要的原则就是匹配一致性，这意味着控制器和功能之间存在自然、密切的关系。因此，要想使用户清楚地看到并解释产品物理结构上的限制因素，设计师就应加强这些因素的设计效果，从而使用户在进行尝试之前就知道哪些操作行为是合理的，避免发生错误。

总之，一致性指在不同的应用系统之间及应用系统内部，应具备相似的界面布局和外观，相似的显示风格、信息格式，以及相似的人机交互方式等，主要表现在输入和输出层面的一致性。良好的交互一致性可以减少用户的学习成本，提高使用效率。因此，若所有的产品在设计时都用到匹配一致性原则，用户在生活和工作中便可享受真正意义上的便利。

（三）标准化

标准化就是利用储存于外界的知识具有自我提醒的功能的特点，在交互设计中融入标准化的设计理念。储存于大脑的外界知识和信息能够帮助用户回忆起容易遗忘的内容。存在于头脑中的知识具有高效性，它无须对外部环境进行查找和解释。

从本质上来说，标准化是另一种类型的文化制约因素。例如，用户在掌握了驾驶一辆汽车的基本技巧后，无论在世界何处或是开何种类型的车，都能够轻松应对，这就是基于汽车的标准化。在生活中，若人们只需学习一次，便可知道所有标准化物品的使用方法，那么人类生活就会更简单、便捷。然而，标准化时机的掌握是需要着重关注之处。时机过早，人们可能会被限制在不成熟的技术中，或最终发现设立的规则并不实用，甚至可能导致操作错误；时机过晚，由于各方都坚持自己的方法不愿妥协，则难以达成国际通用标准。

如果在设计某类交互产品时无法规避标准化和操作时的疑难，那就只能选择使用标准化设计。产品的控制器和功能之间是紧密而自然的联系，设计师可以建立一套统一的标准，将控制器的操作结果、操作步骤、显示方式和产品外观标准化，或是将产品及其问题标准化。尽管被标准化的系统本身有很多随意性程序，但用户仅学习一次便能掌握这类系统的操作方法，这就是标准化的益处，它使人们的生活和工作变得更加便捷。例如，度量单位和日历，交通标志和信号，打字机的键盘。

（四）简洁性

人们生活在知识信息爆炸的社会，尤其是在互联网时代，用户获取信息的方式多样，对信息的理解也各有不同。那么，如何获取、传递有效而准确的信息非常重要。在交互设计中，要想使用户迅速获取有效信息，并快速进行抉择与操作，那么信息获取和传输的过程就一定要通俗易懂、简洁明了。

少即多是交互设计所提倡的，也就是用最少的元素输送最多的信息。设计师要尽可能地简化界面中的一些元素，因为倘若信息过于烦琐，就会妨碍用户的使用效率，从而不能有效解决用户的问题。设计出原型之后，可以先减少一半的元素，再决定是否精简。一些不相关的要素可以删减，保证任务的主要流程能顺利达成即可。总而言之，简化操作步骤、精简文字表述和减轻视觉干扰是简洁的三个层面。

在交互设计中，简洁又迅速地将有用的信息传递给用户的方法有很多，比如图像与图标、界面色彩、界面布局、声音视频、交互文本等。用户获取信息的效率取决于界面中的信息是否精简。因此，根据功能的不同，一般界面的布局考虑的着重点也会有所差异。要想用户快速获取信息，界面布局就要排列整齐、井然有序，使用户对界面信息了如指掌；要防止布局太松或太紧，“区块感”过于明显。此外，为了明确界面各个区域的功能，视觉上也要有明显的差异，例如提示区、标题区、赞助区、工作区等，应当充分体现其功能性。对于最重要的信息，应处于屏幕界面中最突出的地方，且是最大的模块。布局中的信息要有像标题、标题栏等较为鲜明的标识。

技术进步在给设计带来巨大机遇的同时，也带来了许多挑战。随着技术的发展，人们的生活变得越来越便捷和有趣，但同时也会引发新的矛盾，使工作变得更加复杂，甚至增加人们的挫败感。一项新技术的发展，最初较为复杂，而后变得简单化，紧接着又变得复杂了，这遵循的是U形曲线的发展历程。当新产品首次推出时，它往往因复杂而难以使用。然而，随着技术人员的经验积累和技术日益成熟，产品的功能也会得到优化，逐渐变得可靠又简单。但是，一旦产品趋向稳定状态，新的设计师便会尝试增加更多功能，这就会导致产品变得更加复杂，甚至可能降低其可靠性。手表、收音机、电话、电视这些产品都经历过U形曲线式的发展过程。以收音机为例，早期的收音机相当复杂，收听某一电台节目时，需要调节好几个部分，包括天线、无线电频率、中波频率、灵敏度和音量。后来的收音机则简单得多，只需要开、关、搜索电台和调节音量。但是最近几年生产的收音机又变得复杂起来，或许比初期的收音机还要复杂。现在的收音机被称为“调频机”，上面有许多控制键，还有开关、滑动杆、指示灯、显示屏和仪表。现代收音机的技术性能优越、音质高、收听效果好、功能强，但操作起来却很麻烦。

又如，几十年前的手表设计得很简单，只有手表侧面的小金属栓这一个控制项目。将之旋转就上紧发条，使手表走动。把金属栓往外拉，然后旋转，即可调整时间。这种操作方法易学、易操作，小金属栓的转动和指针的转动之间存在合理的关系。这种设计甚至考虑到了人们容易犯的错误：平时金属栓所在的位置只能用于上发条，即使无意间转动了金属栓，也不会改变表上的时间。

当产品的功能种类与所需的操作步骤多于控制器的数量时，设计就会更困难而变得复杂，并带有一定的随意性。技术进步伴随着矛盾的产生。虽然人们便捷的生活得益于技术产品功能的增加，但与此同时，也使产品变得更加难以学习和使用，增加了人们生活的复杂性。

如果增加产品的功能，那控制器的数量就会增加，使操作更加复杂。要想使这类问题得以解决，就应善于使用简洁性的设计原则。以下三点是在设计中要注意的地方：一是设计的功能是否满足用户的真实需求；二是所有的控制器是否易于使用、易于识别，并能最大限度地减少人为操作错误；三是设计过程中需要充分考虑美观、成本和可制造性等实际因素，同时用户又能认可设计出的产品。虽然随着功能的增加，产品可能会变得复杂和不易使用，但通过合理的设计，这一矛盾对用户体验的负面影响就能极大地降低。

界面色彩是简洁化设计原则的一个重要方面，色彩是分辨不同功能信息的主要手段，用户能将信息和操作关联起来得益于简洁的色彩设计，从而减少用户的记忆负担。在设计时，需要格外注意以下五点：一是设计师要依据产品的应用场景，选择合适的颜色，比如管理界面通常使用蓝色；二是考虑颜色对用户心理产生的影响，例如绿表示成功或安全，黄色则表示警告；三是在界面中，避免使用三种以上的颜色；四是色彩要有明显的对比度，例如在深色背景上使用浅色的文字，确保其清晰可见；五是利用色彩来指引用户关注最重要的信息。

综上所述，设计师在选择不同的信息表述方式来传递信息时，应始终要做到易于理解和简洁明了，只有这样用户才能快速且准确地达成任务。

（五）流畅性

用户不被打断或干扰，操作连贯，能顺利地完成任务，这就是交互的流畅性。设计师的首要任务是确保用户能明确并顺利完成最基础的中心任务，并且辅助操作应在不干扰中心任务的前提下进行。在特定界面中，倘若使用户明确这一主要任务和目标，就要尽可能减少界面上的视觉干扰和其他不必要的元素，还要避免打扰、保持流畅。例如，E-mail 在用户把邮件删除后，会将删除的弹框设计成通知列表，询问用户是否撤销刚才的删除操作。这种处理，让删除的流程更加顺畅和轻松自如。交互设计师追求的是用户任务完成的流畅性，交互本身是因果和反馈的循环，界面是用户体验流程的可视化控制端，流畅可用就是流程和结果要符合用户的期望。有时候用户要达成目标需要经过许多步骤。以网上购买机票为例，用户首先需要在相关网站上创建一个账号并登录；接着，依据他们的行程选择所需的国内机票或国际机票；然后，选择所需的航程类型、出发城市、目的城市、出发日期和出发时间、返回日期和返回时间，并填写送票城市、乘客人数、乘客类型，选择舱位等级，点击“查询并预订”；接下来，用户需要选择所需航班，点击“下一步”，并填写登记人和联系人信息，选择出票时间、行程单配送方式、支付方式，进行付款；最后，网站以短信的形式告知订票详情，这样一套购票流程才顺利完成。

关于交互流畅性，设计师在制作原型的时候，就应该将一个复杂的目标肢解成一系列简单的步骤（比如询问目的地，然后设定行程）。其实所谓的简单流畅就是让过程更简单易行。

为了设计出顺畅的交互流程，如下问题必须加以考虑：①用户知道在界面可以做什么事情吗？②用户在界面中能做想要做的事情吗？③用户知道什么时候完成了他们想完成的操作吗？用户界面的设计需要在操作屏上对用户传达出所有的可能性。

交互设计并不只涉及界面行为，它是一项基于用户行为的适应性技术。若要符合用户预期，操作流畅是关键。总而言之，交互设计的目标大概是：产品符合逻辑，对于用户的操作响应迅速，让用户使用顺畅并保持期待。

在控制科学和信息理论中，反馈是经常用到的一个概念。它的作用是向用户提供信息，让用户知道某一项操作是否已经完成以及操作所产生的结果。如果我们在与他人交谈时听不到自己的声音，或在绘画时看不到任何笔迹，那么这就是缺乏反馈的例子。在交互界面中，任何可操作的地方都应该在用户操作时及时给予反馈。不仅每一步操作都要给予用户及时的反馈，而且还要让用户知道操作是否已经生效，界面是否仍在用户的操控之下。

反馈的内容涉及用户操作反馈、产品状态反馈。用户操作反馈指当用户与界面元素进行交互时，如移开、点击或滑动时，界面元素产生的反馈变化。产品状态反馈指在产品运行过程中，当需要用户等待或出现错误时，系统应向用户提供反馈信息，旨在让用户了解当前的情况。例如，音乐播放的进度条显示，迅雷软件下载完成的提示音等。应优化反馈机制，提升用户对界面的控制感，以减少操作中的困扰。然而，不能盲目追求速度，需要充分考虑到当前技术发展的实际水平。为用户提供完整、持续的操作反馈信息，有助于用户在使用新产品时更加自信和熟练。

除了界面反馈，文本信息反馈也是交互设计中不可或缺的部分。文本信息反馈是指产品界面中涉及交互操作的文字内容，如标题、对话框提示、链接文字、按钮文字、赞助内容、各种提示信息等。这些文字对于用户理解产品操作具有重要意义。在表述信息时，应当尽量使用通俗易懂的语言，避免使用专业术语；在语气的表述时，避免使用被动语态或否定句，要礼貌且柔和；如果文字较多，应当适当断句，避免左右滚屏或换行，文字表达要简洁明了；文章字体应选用常用的标准字体，大小应以用户视觉清晰可见为标准，这就是优质的交互文本设计，能使用户达成任务的效率得以提高。通过文本信息反馈，用户不仅可以了解部件的相关信息，简化理解和操作过程，而且能够搭建起恰当的心理模式。

有时用户在使用交互产品时，无法看到产品的某些部位，得不到相应的反馈信息，这时通常会用声音来提供信息。声音可以告诉用户物品的运转是否正常，是否需要维修，甚至可以避免事故的发生。以下是几种声音所能提供的信息：①拉链轻松自如地拉动时发出的“刺啦”声；②门未关好时发出的微弱金属声；③汽车消声器出现问题时发出的轰鸣声；④物品未固定好时发出的碰撞声；⑤水煮开时水壶发出的“滋滋”声；⑥面包片烤好时从烤面包机里“跳”出来的声音；⑦吸尘器堵塞时音量突然增大；⑧一台复杂的机器出现故障时产生异样的噪声。

很多产品的设计都采用了发声装置，但声音只是作为信号，例如蜂鸣器。其实自然的声音与视觉信息同等重要，当人们的目光注视在别处，无法观察某一事物时，声音便可传递人们所需要的信息，可以反映出自然物体之间复杂的交互作用。有些声音的确可以起到辅助作用，即使人的注意力集中在别处，也可以感知事物的信息；但声音有时也让人心烦或分散注意力，有干扰作用。

声音可以提供有用的反馈信息，没有声音就意味着没有反馈信息。如果某一操作的反馈信息采用的是以声音传达的方式，那么一旦听不到声音就说明出了问题。那些由于设计人员没有充分考虑可视性原则而造成的问题，几乎都能通过声音反馈来弥补。

第三节　交互设计的发展

交互设计源于20世纪80年代，但交互设计的思想很早就在人们的心里埋下了种子。“交互设计”这一概念历经了从人机界面到人机交互、从人机交互到交互设计的发展过程。现在交互设计越来越受到设计师的关注，人们越来越重视产品的交互体验，在人工智能和大数据时代背景下，未来交互设计可能涉及的学科范围会越来越广。

一、交互设计的发展历程

20世纪初期，人们在机械化大生产中逐渐认识到人机工学的重要性，并且通过优化人机关系来提高生产效率。如使车床把手的转动方向与齿轮的转动方向一致，使其人机操作更加简单、直观。但人们更在意怎样能够使把手使用起来更加舒适，并没有深入考虑交互界面应如何设计。

随着社会的发展，人们对机械的要求越来越高，人们开始将其与科学技术相结合。最早，计算机技术应用于军事科学，专家通过一些机械设备和穿孔卡片来阅读计算机的反馈。虽然计算机在功能上越来越齐全，使用起来却很复杂，出错率高，有些问题还会造成致命的伤害。一些技术并不能很好地被运用到生产实践中去。人们需要专业学习，从而更好地使用仪器。如早期打字机的键盘设计。打字机作为一个文字处理器和打印机的超级综合体，在结构上是机械化的，键盘按键和输出的内容也是一一对应的，但人们还是设想以特定的非线性规律，即以在实际使用中英语单词出现的频率这种抽象的方式来排列按键。同时，键盘按键还要考虑人的触觉因素，如人的手指所能触及的最远平均距离和键盘按键之间的距离等。这项技术最早应用于 1878 年生产的雷明顿 2 号打字机的实体键盘，如今的虚拟键盘仍在沿用。

交互设计从产生到被正式提出以来，发展至今共经历了四个发展时期，分别是初创期、奠基期、发展期和提高期（见图 1-3）。

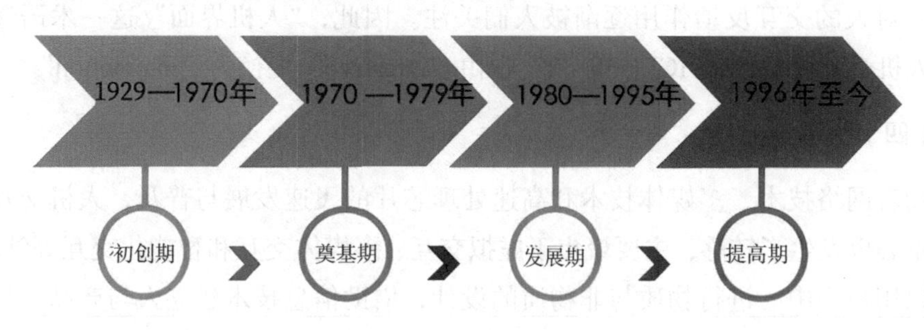

图 1-3　交互设计发展时期过程图

（一）初创期

美国学者夏柯尔（B.Shackel）于 1959 年发表了人机界面的首篇文献，名为《关于计算机控制台设计的人机工程学》；约瑟夫·利克莱德（J.C.R. Liklider）于 1960 年第一次提出了人机紧密共栖的概念，这一观点被视为人机界面的启蒙思想。随后，英国剑桥大学于 1969 年，首次举办了人机系统国际大会，同年首份专业杂志《国际人际研究》创刊。在这一时期业界开始逐渐关注人机界面学的研究，一些学者开始注意到人在产品设计过程中的影响力，特别是计算机工业产品，在一些会议上也提出了相关的概念，开始注重人机界面理论知识的重要性。

（二）奠基期

1970—1973 年，出版了一些与计算机相关的人机工程学专著。1970 年，成立了两个 HCI（人机交互）研究中心，一个是英国的拉夫堡大学（Loughborough University）的 HUSAT 研究中心，另一个是美国施乐（Xerox）公司的 Palo Alto

研究中心。许多相关学者、学校开始设立研究机构，希望通过实践的论证能够在人机界面上有更大的突破。

（三）发展期

20 世纪 80 年代初期，一些理论性专著相继出版，总结了新的交互研究成果，慢慢地，人机交互学科形成了自有的理论体系和实践基础，并独立于人机工程学科，不仅成了一个全新的设计领域，并且受到了社会学、行为学和认知心理学等其他学科的理论影响。于实践层面而言，随着科技的进步和人机界面的不断延伸，计算机对人的交互反馈作用逐渐被人们关注。因此，“人机界面”这一术语逐渐被“人机交互”替代，HCI 中的“I”也由“interface”更换为“interaction”。

（四）提高期

随着网络技术、多媒体技术和高速处理芯片的飞速发展与普及，人机交互的研究重心也发生了转移，主要聚焦于虚拟交互、多媒体交互和智能化交互等领域，强调以用户为中心进行物质与非物质的设计，借助信息技术建立人与产品、与服务之间的配合关系，使产品的可用性得到提升，并加强用户的体验感，在这个过程中，以人为本的用户需求成了关注的焦点。

二、交互设计的发展现状

交互设计虽然最早源于国外，与国内接触的时间不长，但在国内的发展速度较快，不仅受到设计师的关注，企业、服务业等也都逐渐开始重视这一方面。

（一）国外交互设计的发展现状

在国外，交互设计的理论与实践正在蓬勃发展，其研究者与实践者来自各个领域，其研究已经与多个学科理论并驾齐驱，如心理学、视觉设计、行为分析、产品设计等，形成了较为完整的研究体系和方法，并在此基础上不断地完善。2005 年，世界上第一个交互设计委员会（IDA）在美国正式成立，并得到迅速发展，随后在不同国家建立了分支机构。表 1-2 是国外一些对交互设计有较大影响的学者和理论贡献。在这些理论研究基础上，人们不断探索交互设计在不同领域的应用，如人们生活中所用的智能手机、医院自助终端机和网络在线服务平台等产品都是交互设计的实践成果。

表 1-2　国外交互设计著名学者和理论

名字	贡献	著作
比尔·莫格里奇（Bill Moggridge）	首次提出“交互设计”概念	《关键设计报告——改变过去影响未来的交互设计法则》
比尔·韦普朗克（Bill Verplank）	在斯坦福大学创办人机交互设计课程，提出交互设计从工具走向时尚	—
阿兰·古柏（Alan Cooper）	提出以目标为导向的设计方法	《软件创新之路——冲破高技术营造的牢笼》
唐纳德·诺曼（Donald Norman）	倡导以用户为中心，提出交互的三个层次，即本能层、行为层和反思层	《设计心理学：情感化设计》等
吉利恩·克兰普顿·史密斯（Gillian Crampton Smith）	在英国圣马丁学院开设图形设计与计算机的课程，在英国皇家艺术学院创建交互设计课程，建立伊夫雷亚交互研究所	—
特里·威诺格拉德（Terry Winograd）	成立关于人、计算机和设计的项目	《软件设计的艺术》
比尔·巴克斯顿（Bill Buxton）	从人文角度创造、研究和应用互动的系统，重点探讨人机交互及科技的用户层面	《用户体验草图设计》
前田约翰（John Meada）	主张将艺术与科学、技术、工程、数学相结合，将电脑程序尖端计算与艺术优雅表现完美结合	《简单法则》

（二）国内交互设计的发展现状

交互设计在国内起步相对较晚，与国外还有一定的差距，但近年来随着互联网和移动互联网的普及，国内交互设计的研究和应用发展迅猛。在实践方面，基于 Web 平台的交互设计、移动终端交互设计等的快速发展，工业设计和产品设计领域的交互设计部分也占据着重要地位。一些经济较发达的城市如北京、上海等，成立了洛可可、腾讯、阿里巴巴、小米等交互设计机构。目前，中国的产业界正在由“中国制造”向“中国创造”的方向迈进。2000 年，中国欧盟可用性研究中心（SEUC）成立，这是中国交互设计和可用性研究领域的里程碑事件，这是国内第一个可用性工程中心，其建设由欧盟第五框架计划、中国政府中欧科技合作计划及欧盟 Asia ITC 计划项目提供支持，是欧盟可用性支持网络 Usability Net 成员单位。2004 年，可用性专家协会中国分会成立，标志着交互设计作为一个全新的概念正式走上中国用户界面设计行业的舞台。广东省工业设计协会体验设计专业委员会（前身为交互设计专业委员会）于2010年建立，并成功举办了第一届“中国交互设计体验日”，这一活动延续至今。2012年，中国成立了中国工业设计协会信息与交互设计专业委员会（IIDC），其名称体现了中国设计领域对交互设计的思考和探索。交互设计在我国经历了美工—图形用户界面（GUI）—用户界面—交互—可用性—用户体验的过程。目前最热门的平板电脑、智能手机、智能家电等，均把交互设计作为产品差异化战略的重要组成。

小米手环是国内交互设计发展中的一个典型案例，符合国内市场需要，性价比高，功能全面且待机时间长。它的主要功能包括查看运动量、监测睡眠质量和智能闹钟唤醒等。可以通过手机应用实时查看运动量，监测走路和跑步的效果，可以识别更多的运动项目；可自动判断用户是否进入睡眠状态，同时记录用户深睡、浅睡和总睡眠时间，帮助用户监测自己的睡眠质量。特别是它的智能闹钟功能，设置成功后，手环会以振动的方式唤醒用户，不会打扰他人。阿里巴巴也是国内互联网行业发展较快、技术较领先的企业，阿里巴巴旗下代表产品有支付宝、淘宝、菜鸟裹裹等。2017年，天猫推出的H5动效、虚拟商业街等吸引眼球的活动，让用户体验了不同的购物方式，感受到了科技的力量，也正是这些技术的支持，才能让阿里巴巴公司日益壮大，更好地为用户提供服务。

“用户”是交互设计研究的热点，用户研究主要关注用户的认知和行为层面，经常采用的研究方法有人机交互系统、讲故事、计算机符号学、任务分析等，研究对象通常涉及文化、健康、儿童、绘本、教育等多个领域，尤其在数字化文本互动和视觉设计方面。数字化交互设计研究的典型例子就是人们生活中常见的App应用设计。交互设计的应用领域正在不断拓展，其中包括更多的实体交互设计方面的用户研究。目前，交互设计的研究与应用主要集中在移动互联网领域，其中电子商务和社交网站的用户界面和需求研究尤为热门，用户研究主要关注用户行为、认知和体验方面，包括用户模型的评价与构建，以及运用数字化手段如3D交互计算机技术，模拟人的心理和行为，常用的设计研究方法就是协同设计。交互设计的应用范围已经从互联网层面延伸到生活的许多方面，如互动式读物、虚拟试衣等，如今交互设计的重点已经从物质功能层面提升到了精神体验层面，也就是从人与机器的互动转变为提升人们的生活品质与体验。

三、交互设计的未来发展趋势

随着信息技术的发展和人们生活方式的变化，未来的交互设计创新研究还有更多的想象空间。交互设计不仅指在视觉、听觉与触觉方面的交互，还会延伸到嗅觉和味觉各种感官在时间和空间上的交互体验。随着科技的进步，交互的模式也越来越多样化，如交互品质、服务设计和协同共享等。

（一）交互品质

交互品质指人在产品使用时，产生的独有属性，这种属性只能借助于系统、产品和服务等交互才能实现，所以也可叫作体验品质。确定产品的体验品质有助于为产品设计提供方向，为产品开发提供数据并为产品可用性测评提供标准。未来的交互方式是多种多样的，从现在已有的建立在3D投影技术上的虚拟现实（VR）体验、动作捕捉技术的体感游戏来看，未来的体验可能是全面的、全方位的。未来的交互应当与情感相结合，通过面部表情传达心情，人的语调、语速能够表达人对待事物的态度和情感，动作的力度、速度能够表达用户的心理和生理独白。

（二）服务设计

服务设计是在注重产品交互方式的同时，关注不同方式给用户带来的体验；服务越来越成为设计师在设计产品时所关注的焦点。服务设计是指在一项服务中，有计划地组织所包含的通信交流、基础设施、人、相关物料等，进而使用户的体验得以提升的设计活动。它可以是有形或无形的，涉及客户在街道、零售商店或医院等不同场所的体验过程，在这个过程中，所有涉及的人和物都起到了至关重要的作用。服务设计把人与行为、沟通、物料、环境等元素紧密结合，并将以人为本的理念贯穿于整个服务过程中。服务设计的关键是用户为先、体验流程追踪、涉及所有接触点，以打造完美的用户体验。如贵州铜关村文旅服务设计，在项目前期深入挖掘铜关村的困境问题，重估乡村价值，结合物联网技术，选择合适的设计方式。旅游体验需要注重旅游前、旅游中、旅游后三大核心设计重点，挖掘潜在的利益服务缺口，将整个旅游体验梳理完善，形成服务体验闭环，让外来游客和当地村民相互受益，形成系统化设计。铜关村文旅服务设计注重线上与线下相结合的方式，线上提供景点介绍、住宿预订、预订当地特色餐等，让游客拥有愉快的线上体验；线下注重乡村的品牌文化，其独具特色的侗族建筑、侗族布艺、侗族美食、侗族大歌等，更为侗族特色茶文化提供销售出路，通过有形的服务带来无穷的体验，让村民对自己的家乡充满归属感和自信心。

（三）协同共享

随着人们生活方式的改变，协同共享的模式已悄然而生，并逐渐被人们接受，从而催生出一种新的经济模式——共享经济。共享经济是指以获得一定报酬为主要目的，基于陌生人且存在物品使用权暂时转移的一种新的经济模式，是目前常见的一种经济模式，如共享汽车、共享单车、共享充电宝、共享雨伞等形式。共享经济目前涉足的领域较多，分别为衣（共享服装）、食（共享厨房）、住（共享住宿）、行（共享出行）和用（共享充电等），除此以外还有很多应用领域，如技能共享等。共享经济模式带来了人们生活方式的变迁，其共享的初衷是提高社会闲置资源的利用率，优化社会资源的再分配过程。例如，美团单车是无桩借还模式的共享单车，通过智能手机实现快速租用和归还。其致力于解决城市出行问题，倡导绿色出行理念，通过整合自行车产能及供应链，为各城市提供便捷高效的绿色出行服务。领先的移动物联网智能锁技术，使用户可以通过手机解锁骑行，随取随用，从而建立起从用户舒适骑行到以物联网为载体、人工智能为核心的科技闭环，推进了城市绿色交通体系建设、城市信用建设和智慧城市建设。

随着共享单车的日益普及，人们对于出行体验的要求越来越高，除了短途出行，还希望能够满足长途自由出行的需求，于是城市共享汽车应运而生。共享汽车上加装车载Wi-Fi、指纹介入、人脸识别、酒精测试、智能语音等功能，用户通过手机扫描车门上的二维码，注册并缴纳押金，即可打开车门使用汽车，计费方式依据公里数来计算。

第四节　交互设计技术的类型

技术，是交互设计的重要基础，交互设计学科正是在信息科技的飞速发展应用中成长起来的，如今，随着技术越来越复杂、产品越来越智能化，交互设计也面临着巨大的机遇与挑战。

技术的发展催生出了越来越多的智能产品，例如：集成电路的技术发展，使得个人电脑越来越易于携带，运行速度越来越快。技术的发展无疑为交互设计带来了新的发展契机，交互设计师虽然不需要掌握所有的技术，但也要了解技术的基本概况和使用特点，这样，才能更好地运用技术来进行创新设计，最终让技术更好地为人类服务。

一、多点触控技术

多点触控技术（又称多重触控、多点感应、多重感应，英译为 Multitouch 或 Multi-Touch），指的是触摸屏（屏幕、桌面、墙壁）或触控板等，能够同时响应来自屏上多个点的交互操作并给出相应的系统反馈。

早期的触控技术是不可多点触控的，屏幕一次只能判断一个触控点，即用户只能在屏幕上使用一个手指操作。例如银行 ATM 机，使用的就是只能进行单点触摸操控的屏幕。在 2007 年，“苹果”与“微软”分别发布了应用多点触控技术的产品及计划，令该技术进入主流应用市场。苹果推出了公司的第一款手机产品 iPhone，并取得了多点触控技术的专利；同年微软推出了触摸式电脑 Surface。正是多点触控技术，使得触屏手机迅速替代了实体按键手机的主导地位。

如今，多点触控技术的应用已经非常普遍，电容屏和多点触控技术的发展为人们带来的不仅仅是屏幕操控的全新方式，同时也带来了全新的人机互动的体验。多点触控有很大的想象空间，设计师和开发者能够将这样的技术创新运用到很多方面以丰富用户的使用体验，例如利用多点触控技术在屏幕中达到虚拟弹钢琴的体验，可以使用手指放大缩小内容，可以提高游戏体验。现在多点触控已经开始尝试进入一些全新的应用领域。例如：有研究团队在研究车内交互系统，试图将汽车挡风玻璃作为全部的信息显示平台，借此提高车内交互体验，并保证驾驶员不因视线转移带来安全隐患；还有团队将触控屏幕融入课堂教学，让学生可以更高效愉快地参与课堂学习。

二、传感器技术

传感器，理论上讲是一种能把物理量和化学量转变成便于利用的电信号的器件。国际电工委员会（IEC）将传感器定义为：“传感器是测量系统中的一种前置部件，它将输入变量转换成可供测量的信号。”[①] 简单来讲，如果将计算机当作处理和识别信息的“大脑”，将通信系统当作传递信息的“神经系统”，此时，传感器就是“感觉器官”。正因为有了传感器，让物体有了触觉、听觉、嗅觉等感觉，让物体变得更“聪明”。

---

① 邓士杰、丁超、唐力伟等：《基于云架构的智能测试系统关键技术及应用》，北京理工大学出版社 2021 年版，第 50 页。

传感器类型众多，下表中是其中一些常见的类型（见表1-3）。

表1–3 常见传感器类型

传感器类型	定义
重力传感器	采用弹性敏感元件制成悬臂式位移器，与采用弹性敏感元件制成的储能弹簧来驱动电触点，完成从重力变化到电信号的转换，用以测量重力引起的加速度
压力传感器	常用类型是半导体压力传感器，在薄片表面形成半导体变形压力，通过外力（压力）使薄片变形而产生压电阻抗效果，从而使阻抗的变化转换成电信号
磁传感器	把磁场、电流、应力应变、温度、光等外界因素引起的敏感元件磁性能的变化转换成电信号，以这种方式来检测相应物理量
声音传感器	声波使内置驻极体话筒内的驻极体薄膜振动，导致电容变化，而产生与之对应变化的电压，这一电压随后被转化成0～5V的电压，经过A/D转换（把模拟量转换为数字量）被数据采集器接收，并传送给计算机
光敏传感器	利用光敏元件将光信号转换为电信号的传感器，它的敏感波长在可见光波长附近，包括红外线波长和紫外线波长
气压传感器	用于测量气体的绝对压强，有些气压传感器是利用气压引发变容式硅膜盒发生形变并带动硅膜盒内平行板电容器电容量的变化，从而将气压变化以电信号的形式输出
温度传感器	是指能感受温度并将其转换成可用输出信号的传感器，常用的非接触式温度传感器使用的是辐射测温法
生物传感器	是一种对生物物质敏感并将其浓度转换为电信号进行检测的仪器
超声波传感器	是利用超声波的特性研制而成的传感器，原理是超声波碰到杂质或分界面会产生显著反射形成回波，碰到活动物体能产生多普勒效应
环境光传感器	可以感知周围光线情况，通常通过使用光电晶体管、光敏电阻或光敏二极管来实现光的感知和转化

传感器有微型化、智能化、多功能化的诸多特点，是实现自动检测和自动控制的首要环节。因此，传感器除了应用于大型专业设备中，也会集成在智能手机和平板电脑中，例如重力传感器——使用者通过横竖手机就能让屏幕内容自动翻转适应；玩游戏通过左右倾斜来模拟左右移动；通过翻转手机实现静音操作；通过晃动手机实现切换歌曲；等等。气压传感器——苹果公司的iPhone6配备了气压传感器，可以供远足者了解海拔，也可以运用在用户的健康应用中。环境光传感器——感知周围光线情况，并告知处理芯片自动调节显示器背光亮度，降低产品的功耗，等等。

三、体感技术

体感技术让人们能够直接使用肢体动作与周围的装置或环境进行互动，不需要其他复杂的控制装备，人们就能身临其境地与内容进行互动。这一技术，目的在于以人体动作取代传统的鼠标、键盘或者触屏等操作方式来与数字产品交互，进而带来更直观的体验。

（一）体感技术的分类

依照体感方式与原理的不同，体感技术大致可分为三大类：惯性感测、光学感测及惯性和光学联合感测。

1. 惯性感测

惯性感测技术的应用主要以惯性传感器为主，例如，用重力传感器、陀螺仪和磁传感器等来感测使用者肢体动作的物理参数，分别为加速度、角速度和磁场，再根据这些物理参数来求得使用者在空间中的各种动作。

早在 2007 年，苹果公司在 iPhone 中就加入了加速计，并在 2010 年增添了陀螺仪。之后在 Android 操作系统中，谷歌加入了惯性感测功能，能感应用户的各种动作，比如切削、倾斜、插入、旋转等。如今，许多手势如摇动—撤销、提起—接听电话、反面朝下—断开连接等已经成为标准的智能手机功能。这些都是惯性感测技术的应用范畴。

随着技术的发展，现在有了更精确的惯性感测产品，例如加拿大创业公司 Thalmic Labs 推出的创新性臂环 MYO，佩戴 MYO 的人只要动动手指或者手，就能操作科技产品，与之发生互动。该产品佩戴在用户肘关节上方，通过传感器捕捉用户手臂肌肉运动产生的生物电变化，从而判断佩戴者的意图，同时可通过低功率的蓝牙设备与其他电子产品进行无线连接进而发送指令。MYO 可以识别出近 20 种手势，甚至是手指的轻微敲击动作也能被识别，所以可以利用手势进行一些常用的触屏操作，如对页面进行放大缩小和上下滚动等。

2. 光学感测

早在 2005 年以前，索尼便推出了光学感应套件——EyeToy，主要是通过光学传感器获取人体影像，再将此人体影像的肢体动作与系统中的内容互动，主要是以 2D 平面为主，而内容也多属较为简易类型的互动游戏。光学感测是现在应用非常广泛的一类体感技术。相比于惯性感测，光学感测的精度和手势丰富度更高，但因要利用摄像头，因此使用场地会受到一定限制。

Prime Sense 公司开发出基于红外的体感捕捉技术后，微软、华硕、绿动等公司也推出了体感设备。最著名的光学感测体感产品莫过于微软在 2010 年推出的

Kinect 软件，该软件依靠相机捕捉三维空间中玩家的动作进而转译为系统指令，不但能够追逐用户的手臂动作，还能追逐身体所有部分的 3D 动作（头部、手、脚、躯干等）。

Kinect 具体的光学感测过程如下：

①侦测影像：系统利用红外线发射人眼无法看到的激光，并通过镜头前的光栅将激光均匀地投射在测量空间中，空间中的散斑被红外线摄影机记录，然后通过晶片计算出 3D 深度的图像。

②辨识影像：将侦测到的 3D 深度图像，转换到骨架追踪系统。系统能够同时侦测到 6 个人，可同时辨识两个人的动作，每个人可记录 20 组细节，包含躯干、四肢及手指等都是追踪的范围，来达成全身的体感操作。

类似的产品现如今越来越多，如 2013 年发布的 Leap Motion，大幅提升了感测设备的精细感知能力，Leap Motion 侧重用户手上高精度动作的识别和控制，能够同时追踪几十万个目标，能够识别细微的手指动作及手上工具（如笔、筷子等）的动作数据。

3. 惯性和光学联合感测

惯性和光学联合感测指同时利用惯性感测与光学感测，最具代表性的产品为 2006 年任天堂推出的家用游戏机 Wii，Wii 的原理如下：利用光学感测，放在电视端的传感器部分左右两端各有五个红外线 LED，Wii 手柄里有光学感应器，能根据感应器感知 Wii 手柄的位置、角度、变化的速度，进而判断出使用者距离电视的远近，上下左右移动的方向、距离、速度和前后移动的速度（由于运算速度的关系，光学感测只能计算缓慢移动的速度）。同时，Wii 手柄上放置有重力传感器，利用惯性感测更确切地侦测三轴向的加速度（惯性感测能够感测到快速运动）。

（二）体感技术的应用

体感技术目前仍处在初步发展阶段，但已有很多领域开始研究体感技术的应用。个人电子设备应用上，苹果公司 2014 年 12 月已申请了两项体感技术专利：用于 TV 和电脑的 Zoom Gird 手势控制技术以及用于 iPhone、iPad、iPod touch 的体感技术。而从体感游戏产业领域出发，体感技术开始迅速向医学、建筑等领域渗透，并相应地整合 AR（增强现实）技术和 3D 技术，致力在各行各业为人类带来更便捷高效的使用体验。扎特拉卡尔认为，Kinect for Windows 有望在医疗保健、制造、教育等多个领域取得成功，因为传统的鼠标、键盘、触摸屏在病房、厂房和教室中都难以使用。

体感技术的主要应用如下：

1. 游戏控制

Kinect 和 Wii 都是以游戏应用为出发点研发的，如今体感游戏是最普遍的体感技术应用所在，能为使用者带来真实的游戏体验。

2. 医疗方面

在医疗康复领域，体感技术发展十分迅猛，Kinect 已被越来越多的公司用在解决医疗问题上，特别是医疗康复领域，包括患者的主动运动训练与康复治疗，适用于社区和家庭康复。加拿大初创企业 Jintronix 公司，将微软 Kinect 系统的动态捕捉、影像辨识功能应用于中风患者或老年病患者等的远程康复锻炼软件。患者通过模仿屏幕上虚拟人物的动作来达到康复的目的。系统记录患者的康复信息并上传到网络上，临床医生就可以远程获取信息，并评估患者的康复情况。

除了康复训练，还有诸多医疗项目在利用 Kinect。例如，英国的盖伊和圣托马斯医院使用 Kinect 协助医生做外科手术，利用 Kinect 的摄像头能够即时对医生的手势动作进行捕捉，同时提供语音识别程序，医生就能够很方便地查看他需要的影像或其他化验信息，甚至可以在手术的同时，请求其他医生协同会诊。这项新技术能够大大提高手术效率，降低风险。在英国微软剑桥研究院，科学家也在研发一种类似的医学影像中的无触摸交互（Touchless Interaction in Medical Imaging）技术，这一技术能够让医生使用简单的手势来控制医学图像（CT 扫描图片、核磁共振图片等）。

3. 车载系统

宝马在 iDrive 人机交互指令输入系统中也加入了体感技术，即可以通过车顶的 3D 传感器来识别驾驶员的手势，进而达到对车辆导航、信息娱乐系统的控制。Navdy 抬头显示器集成了其他抬头显示器所没有的功能，例如语音输入控制、手势体感操作等，让用户以较低的成本拥有极佳的驾驶体验。

4. 教育行业

微软利用 Kinect 努力在推动教育事业数字化转型，将普通的课堂体验转换成非凡的浸入式教育。卡内基梅隆大学的研究人员在其针对儿童的研究中发现，Kinect 教育游戏的有效性是普通游戏（手机、平板电脑）的五倍。国内有多家体感技术企业已经研发推出相关体感教育产品，在这类产品中，体验者往往能够通过肢体动作轻松操控三维人物，在逼真的三维场景里面学习天文、海洋、人体、安全、动物等知识，学生可以借此进行情景式、沉浸式学习，而如果将体感技术更成熟地运用在体育教学中也能更好地避免如外天气变化对儿童的影响。

5. 服装行业

如今，国内外各大公司都已实现了以体感试衣镜为核心打造的全新购物模式，即在线商店，消费者可以通过体感试衣镜进行衣服试穿和服饰搭配，如果觉得满意，直接在体感试衣镜中下单购买，手机支付，而后消费者可以选择在店面取货或由电商配送。这将带来更加快捷多样化的购物体验。

从以上内容能够看到，体感操控创造了更易用的用户界面，让人机对话的姿势回归自然，基于体感技术的产品越来越多，且可辨识范围越来越精细，甚至开启了交互的全新世界。当然，相较而言，体感交互的设计适用于客厅、数字标牌，以及其他走近去触摸屏幕可能减损体验的环境中。因此，在体感语境下的交互设计应该注意以下几点。

①体感交互应更多地基于肢体活动，用户体验犹如身体机能扩展，不能只从现有的鼠标、键盘、触摸屏等接触式的范式中汲取灵感，要更多地基于人体动作习惯和认知习惯进行全新的设计，保证操作的自然性。

②有效交互区域应设置在用户容易操作的区域，保证用户能够轻松在有效区域操作。

③有效的位置感知。保证用户能够获取自己的手势在屏幕中的位置。

④创造更强的三维感。脱离鼠标、手指与界面的二维交互，根据体感的特征创造更好的三维体验，保证对用户在 X、Y、Z 轴的操作都有反馈。

⑤过多过大的动作会让用户过于疲劳，因此要注意动作设计的合理性。

体感交互还需要通过诸多测试来完善，体感技术为设计师带来了新的机遇和挑战，高效愉悦的体感交互需要全新的交互模式来实现。

四、VR 技术

VR 是由美国 VPL 公司创建人杰伦·拉尼尔（Jaron Lanier）在 20 世纪 80 年代初提出的，但是直到 20 世纪末其才开始真正兴起。VR 作为一种高新技术，它通过计算机模拟创造出一个三维空间的虚拟世界，在这个世界中，用户能体验到触觉、听觉和视觉等感官的模拟，还能自由地观察这个三维空间中的一切事物，与虚拟环境进行互动，让用户拥有仿佛身临其境的接近现象的体验。

VR是多种技术的综合，包括数字图像处理、计算机图形学、多媒体技术、仿真技术、传感器技术、广角（宽视野）立体显示技术，以及对观察者头、眼和手的跟踪技术等。它是一种由计算机生成的高技术模拟系统，由于VR生成的视觉环境、音效都是立体的，一举改变了与计算机之间通过鼠标、键盘等实体进行交互的现状，因此VR已经成为计算机相关领域的开发应用热点。

VR的使用有着非常重要的现实意义，而且现已用在诸多领域。

①娱乐领域：3D显示环境与丰富的感觉能力相结合，使VR成为梦想的游戏工具。近年来，VR在娱乐领域的发展速度最快，是因为娱乐行业对虚拟现实的真实度要求相对较低。如芝加哥开放了世界上第一台大型的，可供多人使用的VR娱乐系统。其主题是关于3025年的未来战争；Oculus Rift是一款为电子游戏设计的头戴式显示器，以虚拟现实接入游戏中，为用户提供更好的体验，如今已有许多游戏对其支持。

②军事航天领域：军事领域的研究一直是推动虚拟现实技术发展的原动力，目前依然是主要的应用领域。模拟训练在军事和航天领域一直占据着举足轻重的地位，这使VR的应用前景更广阔。

③艺术领域：在艺术领域VR技术是输送视觉信息的桥梁，它拥有巨大的潜在应用价值。比如，通过虚拟现实技术，雕塑、绘画等静态的艺术作品能变为动态的体验，这不仅使用户与艺术作品的互动体验得以提升，还为人们提供了新的学习方法。

④医学领域：VR技术可以应用在外科手术训练、病理学教学、解剖学等方面，以补充传统医学的短板。在医学教学中，通过构建虚拟的人体模型，配合感应手套、HMD（头盔显示器）和跟踪球等设备，学生能更直观地了解人体各器官的结构，相较于传统的教科书方式，这种方式更加高效。在医学教育院校，学生可以在虚拟实验室中进行各种手术的模拟练习和“尸体”解剖。此外，外科医生在做手术前，可利用VR技术反复进行手术的模拟，以设计复杂的手术方案并找到最佳的操作路径，这样的训练和预演可以使手术对患者的损伤达到最低。

⑤生产领域：在整个汽车开发过程中，通过利用VR技术构建汽车虚拟开发工程，可以全方位使用计算机辅助技术，从而减少设计时间。以福特公司发布的一项汽车开发技术——3D CAVE虚拟技术为例，设计师佩戴上3D眼镜坐在模拟的驾驶室内，不仅可以模拟操控汽车的状态，还可以感受到模拟的街道、行人、车流等情况，使设计师在车辆实际生产之前，清晰地分析车型设计，了解后视镜

调节、驾驶员视野、按键位置、中控台设计等实际情况，及时对车辆进行改善，通过这种方式，可有效控制汽车研发成本。

⑥文物古迹：利用虚拟现实技术，可以给文物古迹的展示和保护带来更大的发展空间。将文物古迹通过影像建模，更加全面、生动地展示出来，提供给用户更直观的浏览体验，使文物实现实时共享，而不需要受地域限制，并能有效保护文物古迹不被过度的游客游览所影响。同时，使用三维模型能提高文物修复的精度、缩短修复工期。

⑦教育领域：虚拟现实技术在教育领域的应用是教育技术发展的一个重要里程碑。VR 技术与虚拟学习环境，使学生获得了真实生动的学习氛围。相较于传统的说教学习方式，亲身体验更有说服力。此外，虚拟实验通过 VR 技术构建了如生物、化学、物理等虚拟实验室，这不仅使实验室的投入成本有所降低，而且学生也能有真实实验般的体验，达到近似真实的教学效果。

五、AR 技术

AR 技术是基于 VR 技术得以发展的新技术，能够将真实世界与虚拟世界的信息进行“无缝”融合。它将计算机生成的系统提示信息、场景或虚拟物体添加到真实场景中，将虚拟世界与现实世界相互交织，实现二者的联动。用户不仅能在增强现实中看到虚拟事物，还可以看到真实世界，二者的信息相互叠加、补充。VR 系统强调用户完全沉浸在一个由计算机所控制的信息空间之中，AR 系统则强调虚拟环境与真实环境的融合，构建一个二者融为一体的体验空间。

1990 年，AR 技术被提出，它包含了场景融合、三维建模、多媒体、实时跟踪及注册、实时视频显示及控制等多种新手段和新技术，目前在人机界面技术发展中，AR 技术已是一个主攻领域。

AR 是科幻电影中最常用到的未来技术，例如电影《钢铁侠》中钢铁侠的实验室和电影《她》中男主角玩的游戏都有 AR 技术的出现。

如今，已经有许多实际 AR 产品被开发出来。如微软 2015 年发布的 HoloLens 全息眼镜，正是利用 AR 技术试图达到虚拟场景与现实场景的完美结合。眼镜能够追踪用户的移动和视线，进而生成适当的虚拟对象，而且用户可以通过手势与虚拟 3D 对象交互，从而产生身临其境的交互体验，并且有着很好的互动性。

AR 技术具备广阔的应用前景，如教育、军事、娱乐、医疗、工程、建筑等领域，作为一种实践 VR 的有效手段，它意味着下一代人机界面技术的发展走向，前景远大。它有如下的应用层面。

①医疗领域：在 AR 技术的应用研究中，医学领域是一个热门。借助 AR 技术，可以把病人的各种信息叠加在病人身体或实物人体模型中，医生可以在手术前进行模拟手术，并在手术过程中实现精确的引导。此外，在医疗教学领域，过去医学院的学生只能通过观看书本和尸体进行人体解剖学知识的学习，而现在，以 HoloLens 产品为代表的 AR 技术能够让医学教育变得更直观，学生能够利用 AR 在任何地方观察更清晰的人体结构并进行交互，达到高效且低成本的学习效果。

②军事领域：在陆战中，AR 技术可用于加强战场环境信息，通过在真实环境中融合虚拟物体，为作战人员提供更加真实的战场场景。美国国防高级研究计划局于 2012 年开始研发一种隐形眼镜，作为“士兵视觉增强系统”项目的一部分，该眼镜不仅使作战人员的正常视力得到增强，还能看到虚拟的图像。在航空作战中，增强现实技术通过在飞行员座舱前方玻璃上或头盔显示器中叠加矢量图形，为飞行员提供导航信息以及敌方隐藏力量的增强战场信息。

③市政建设规划：利用 AR 技术能够将规划效果叠加在真实场景中以直接获得规划的效果，例如英国 Fraunhofer 学院曾开发了一套适用于城市规划的 AR 系统，该系统能够让建筑设计人员预先在真实现场看到设计方案的虚拟效果，在提前体验的过程中设计人员能够真实感受设计方案是否与周围环境和谐一致。

增强现实系统的研究目前大部分仍处于实验室研究阶段，但各个应用领域中 AR 系统的可利用价值非常高，设计师不但可以积极利用该技术，并且可以通过设计来引导该技术的实践方向。因此，许多国内外专家认为 AR 技术是可以在未来改变人类生活方式的高新科技之一，将会把全球 IT 行业带入下一个“互联网”时代。

六、物联网

（一）物联网的概念及发展

物联网的英文名是 internet of things，简称 IOT。顾名思义，物联网即物物相连的互联网。它将互联网的概念从计算机扩展到了物与物之间，核心依旧是互联网，然后在物与物之间进行信息交换和通信。这种“物”可以包括携带无线终端的设备、家具产品、可携带产品，甚至动植物等一切可植入计算芯片的“物”。从技术层面来说，物联网是一种通过各种信息传感设备，如激光扫描器、射频识别（RFID）、全球定位系统、红外感应器等，将物品与互联网连接并进行信息交换和通信的网络，达到智能化识别、管理、跟踪、定位和监控的目的。物联网是信息化时代的重要发展时段，是新一代信息技术的高度集成和综合应用，其核心目标是构筑一个智能化世界。

（二）物联网的相关关键技术

物联网的相关关键技术，主要包括无线传感器网络、ZigBee、M2M技术，RFID技术、NFC技术、低能耗蓝牙技术。

1. 无线传感器网络

无线传感器网络（WSN）作为物联网的基础组成部分，是一种分布式的传感网络。它依赖于各种传感器，这些传感器在空间上分散布置，并通过自组织的无线网络相互连接，将各自收集的数据传输汇总，WSN的主要目标是实现对空间范围内环境状况或物理的共同监控，再基于这些信息进行处理与分析。

2.ZigBee

ZigBee（蜂舞协议）技术，与蓝牙类似，是一种新型的短距离、低复杂度、低功耗、低速率和低成本的双向无线通信技术。主要用于距离短、功耗低且传输速率不高的各种电子设备之间进行数据传输。如今ZigBee技术应用在各种监控器的自动化控制、烟雾探测器、空调系统的温度控制等方面。

3.M2M技术

machine to machine技术简称为M2M（机器对机器）技术，以机器终端智能交互为核心，是一种网络化服务与应用。该技术通过在机器内部放置无线通信模块，利用无线通信等接入路径，将全面的信息化解决方案提供给客户，其主要目的是满足客户各方面的信息化需求，如数据采集、指挥调度、监控等。

目前，M2M的潜在市场已不再局限于通信行业，它还可以在多个领域中有不同的应用方案，如货物追踪、自动售货机和安全监控等；这是因为M2M技术是无线通信与信息技术的结合，具备双向通信的能力，如指令发送、远程信息收集、参数设置等。

4.RFID技术

RFID技术即射频识别，是一种无线通信技术，通过无线电信号对特定目标和有关数据进行辨别与读写。其工作原理是，阅读器利用天线发送特定频率的射频信号，当标签进入天线辐射场时，会感应产生电流，从而获得能量并发射自身编码等信息，这些信息被阅读器接收和解码后，再发送到电脑主机的应用程序进行处理。RFID 技术应用市场成熟，标签成本低廉；RFID 多用来进行物品的甄别和属性的存储（例如电子护照、身份证的识别）。

5.NFC 技术

NFC（近场通信）是一种近距离无线通信技术，是一种将感应式卡片、感应式读卡器、点对点通信功能集成在单一芯片上的技术，在短距离内能与兼容设备进行数据交换和识别，相较于 RFID，NFC 的传输范围较小。如今，这项技术广泛应用在日常生活中，通过将手机配置为支付功能，用户可以将手机作为信用卡、交通一卡通、支付卡、大厦门禁钥匙、机场登机验证等工具。

6. 低能耗蓝牙技术

低能耗蓝牙技术即 BLE 技术，是一种可互操作、短距离、低成本的无线通信技术，具有鲁棒性，在免许可的 2.4GHz ISM 频段工作。为了最大限度地减少功耗，BLE 技术采取可变连接时间间隔的手段，根据具体应用需求，时间间隔可设定为几毫秒到几秒之间。这种工作模式适用于微型无线传感器和遥控器等其他外部设备的数据传输。这些设备不仅发送次数少，每秒几次到每分钟一次，甚至更少；而且发送数据量也极少，一般只有几个字节。

第二章　交互设计的理论基础

本章主要讲述了交互设计的理论基础，分别介绍了三部分内容：交互设计的心理基础、交互设计的原理与方法、交互行为与交互形式。

第一节　交互设计的心理基础

一、注意力

注意是指意识的指向性与集中性，是一种有意识的和受控制的活动。注意经常以日常活动为例来描述，例如如果什么事情或信息得到注意，该事情或信息就会得到清晰呈现，能够得到更好的处理，可能也会被更牢地记忆。

注意力是一种有限的资源。在一个环境中注意某件事情意味着用户就难以同时对其他事物给予同等的注意，研究表明，如果人们正在注视某个物体，或听到了某个声音，或正在集中注意力于某人或某物，那么大约在 0.5s 的时间内，人们会处于对其他声音、其他事物完全视而不见或听而不闻的状态，这时的注意力是有限的、正处于忙碌的状态。

关于这个说法，心理学史上有一个著名的实验“隐形的大猩猩”（the invisible gorilla）就很好地说明了这个问题。该实验给被试者观看两组队伍的篮球传球过程，并在观看前提出要求，让被试者计算穿白衣的一队队员相互传球的次数。在被试者全力以赴、目不转睛地看着视频数白衣队员传了几次球的时候，一只黑色大猩猩走进场景中心，捶击自己的前胸，然后慢慢走开了。然而当视频结束，被试者中有一半的人没有看到闯进画面的猩猩。“看不见的大猩猩”打破了“眼见为真”这个信念。该实验告诉人们：人类大脑的注意力是有限的资源，当被某个事情占据时，人们会忽略发生在眼前的事件，就算它明显如一只大猩猩。

注意力是有限的资源，意味着一方面不能同时呈现给用户太多信息，因为这意味着注意力会受到干扰，必须主观刻意有选择性地注意，才能忽略不相关的信息；另一方面，要使需要用户注意的信息凸显出来，以吸引用户有限的注意，设计出易于有效吸引注意的界面和信息。

这一点对于老年人尤其重要，因为研究表明老年人在注意资源的总量上要少于年轻人，与其他年龄组相比，老年人更难以做到在有选择地注意的同时，忽略不相关的或不需要的信息，与任务无关的元素更易于使老年人分心。

注意力的效能受到显示界面特征的影响很大。通过将与任务相关的信息和与任务无关的信息截然分开或做出极大的区别甚至干脆去掉，可以减小界面中与任务无关的因素对注意力的分散效应。使用者在环境中的注意，特别是在交互过程中的注意，取决于信息的显著性。

二、记忆力

记忆是人们学习的基础，是衡量人们认知水平的重要指标，也是认知科学研究中的重要领域，其中一些研究成果对于系统的交互设计有重要影响。

（一）短期记忆

短期记忆有以下几个特点：持续时间短。容量有限。

认知心理学家乔治·阿米蒂奇·米勒（George Armitage Miller）在 1956 年提出著名的神奇数字：短时记忆的 7±2 法则（又称米勒定律），表示多数人的短期记忆限制于 7±2 个组块，这个理论成为认知心理学的奠基理论之一，表明短期记忆通道的宽度是有限的。

（二）长期记忆

信息经过感官（视觉、听觉、嗅觉、味觉、触觉等）进入大脑，变成记忆存储下来，长期甚至永久存储下来，并且在将来某个时刻能够再次被回忆起来或激活。

长期记忆有以下 4 个特点。

①与短期记忆不同，长期记忆能够长时间（几分钟、几个小时，甚至更长）存储记忆。

②长期记忆容量巨大，甚至有观点认为长期记忆的容量是无限的。

③长期记忆并不是对经历准确、完整的记录，可能突出了某些情节，忽略其他情节。

④长期记忆记录什么会受到情境、情绪等的影响，因此在再次回忆起来时可能会与事实有区别。

（三）工作记忆

工作记忆是 20 世纪六七十年代之后提出的理论，乔治·阿米蒂奇·米勒的实验不够完善。一方面，乔治·阿米蒂奇·米勒实验的被试对象都是大学生，而不同人群的记忆能力有所不同；另一方面，近年的研究认为乔治·阿米蒂奇·米勒的实验对象互不相关程度不够，认为这个数字应修改成 4±1，也就是 3～5 个，为有所区别，提出了工作记忆的概念。

工作记忆是在特定时间内意识到的所有东西的注意焦点的组合，是感觉和长期记忆中那些在特定时间内人们意识到的那个部分，受到感觉、注意、长期记忆等多方面因素的共同影响，具有不稳定性。由于更强调与当前人所从事的工作的联系，被认为是相较于短期记忆更能够反映人的记忆工作特征的概念。

研究结果表明，感知器官受到外界刺激后，信息只有被意识到、注意到，才可能转化为长期记忆被存储下来，因此记忆的通道宽度实际上取决于工作记忆的宽度。

在解决问题时，工作记忆是衡量记忆信息活跃程度的关键标准，也是完成各种活动所必需的认知能力，在记忆中扮演着重要的角色。在系统交互过程中，工作记忆的参与是必不可少的，如浏览复杂的菜单、组织屏幕上的信息、选择电话应答系统的选项、记忆一系列操作步骤中的下一步等。在设计人机交互系统时，我们需要着重关注工作记忆的局限因素。

关于记忆的研究还在继续，但工作记忆的容量有限是公认的结论。

在交互设计中有许多与记忆有关的要点，如雅各布·尼尔森（Jakob Nielson）十大可用性原则中的易取原则——识别比记忆好，就是强调人的记忆的有限，以及应减少人的记忆负担。

三、空间推理能力

推理能力是个体在处理和理解虚拟情况时所具备的能力，它涉及根据已知的判断（前提）推导出结论的思维过程。当人们尝试新的计算机应用、访问不熟悉的网站、面对新的电视遥控器时，如若不借助说明书便可理解和使用这些工具，推理能力就体现了。

空间推理能力主要指个体对客观世界中物体空间关系的认知反应能力，这种能力体现在个体在头脑中建立空间方位关系，是推理能力的一种特定形式。

这种能力在人们到一个陌生的地方，阅读一个不熟悉的城市地图，或者使用导航设施寻找目的地时都非常重要。在这些任务中，用户需要在头脑中对物理环境进行转换、旋转等处理，建立一个自己的认知地图模型，这种过程需要空间能力。

在计算机界面和网站使用中，人们需要具备一定的空间推理能力。比如，当浏览较深层次的网站时，用户需要构建对系统的认知模型和认知地图，清楚自己所在的位置。若用户能流畅地在信息层级之间进行浏览和转换，就是得益于这个系统模型或地图的建立。这与现实生活中的空间导向系统非常相似，旨在帮助用户建立空间概念。空间推理能力在交互系统中对于用户理解产品的信息架构、菜单层级及相互关系有重要的影响。

关于空间推理能力的研究成果提醒人们，产品的信息架构、菜单层级的设置等应考虑用户的推理能力，特别是对于老年人用户。随着年龄的增长，人们的空间推理能力也开始下降，这也是老年人难以使用计算机的一个主要因素，所以在面向老年人用户时，要尽量减少计算机操作系统理论中对空间推理能力的要求。

有一点值得关注，在日常生活中，人们很少面临完全陌生、没有经验、抽象的推理需求。恰恰相反的是，人们都已具备了一些经验，再结合以前的知识进行判断并产生预期，然后再指导行为。这种现象表明，要想使推理能力的要求降低，就要让系统界面与使用者的经验能力相契合，并符合其期望。

四、用户的心智模型

（一）心智模型的含义

心智模型（mental model）指的是在用户的头脑中，应有对一个产品的概念和行为的认识。这种认识可能源自用户之前使用类似产品的经验，还可能是用户基于使用该产品的目的，而形成对产品行为和概念的期望。

人的心智模型通常是一个人在某一领域所具有的知识总和的体现，是个体对事物运行发展的预测，即人们“认为”事物将如何发展。

心智模型的形成和构造与用户日常生活经验的积累有关，人们在驾驭一个新的产品时，如果有储备的经验可借鉴，学习起来就会很容易，人们也更愿意学习，甚至在此基础上能够更愿意尝试和探索产品使用的新的可能性。

例如一辆汽车的基本部件和功能：油门、刹车、手刹、挡位等，不会因为车型、品牌的不同而差异巨大。开车，对于有经验的人来说都会逐渐建立起一个心理预期，如果已经习惯于开某一款车，即便更换到不同品牌、不同型号的车，之前的开车经验也会帮助用户很快熟悉操作，用户会依据已有的关于车辆操作的基本知识，即相关知识的心智模型，进行比对、认识，不会感到太困难。而这种学习过程对于不会开车、没有接触过开车的人来说就完全不同了，后者头脑中没有相关知识和经验的积累，即尚未建立起关于怎样开一辆车的心智模型，学习起来就会感到更困难，需要的时间也会更长。

对于信息科技产品来说，产品的运转黑箱化（黑箱理论：当事物的内部结构不能被直接认识时，通过考察输入与输出关系而间接推测内部结构的认识事物的理论）使得用户只能通过界面和与界面交互操作的过程来探索其内在的程序或功能，例如人们在初次使用一个新产品，如手机或 ATM 机时，可能通过试探性地敲击某个按钮、选择菜单，看看系统给予怎样的反馈等来尝试了解其所能提供的功能。这提示设计人员，如果系统的交互流程、提供的交互方式、界面的表达方式、系统的反馈方式等，能够与用户自身具有的心智模型具有一定匹配度，那用户会迅速形成有关该产品的心智模型，从而影响用户的期望，告诉他们系统应该如何与之交互、如何操作、如何反馈、给予何种选项、做出何种选择等。

当设计能够帮助用户建立起基于新产品的心智模型或能够给予用户适当的提示，使其了解如何运用自己的经验于新的产品时，将有助于用户使用新产品，以及提高交互效能，即用户就能付出较少的成本（时间、精力等）学会使用该产品或系统，即产品或系统的易学性就好。因此心智模型的概念在人机交互设计中正在引起越来越多的关注。

一个能够与用户心智模型匹配的高质量的设计师模型能够帮助用户明了界面之后的系统在干什么，研究表明，当用户面对一个虚拟设施或一个以前没有见过的设施时，获得或具有正确心智模型的用户不仅能够更快地了解和掌握设施的使用，还能据此推断、探索出未被明确培训的操作，而这一点有助于鼓励用户进行更深入的学习。否则用户就只能靠死记硬背，大大增加记忆负担，效率就会降低。

在交互设计中，设计质量高低的一个重要评价标准就是系统提供的交互方式与用户期待的操作方法的匹配程度，或者说设计师的设计模型对用户的心智模型在系统表象层面的表达和呼应质量，如果二者之间存在偏差，呼应质量较低，用户很难基于自己已有的心智模型学习、理解系统的运作方式，就会造成学习过程中的困惑和挫折感，即所谓的易学性低。

（二）产品的心理模型

唐纳德·诺曼曾经提出产品的心理模型可分为三个不同的方面：设计模型、用户模型和系统表象（见图 2-1）。

设计模型，是指设计人员头脑中对系统（产品）的概念。

用户模型是指用户在与产品交互过程中所理解的该产品的操作方法，依据的是用户自身以往的使用经验、习惯及个人经历，即前文所述的用户心智模型。

系统表象是指产品展现出来的形式，包括用户与系统交互方式的引导和交互界面等。

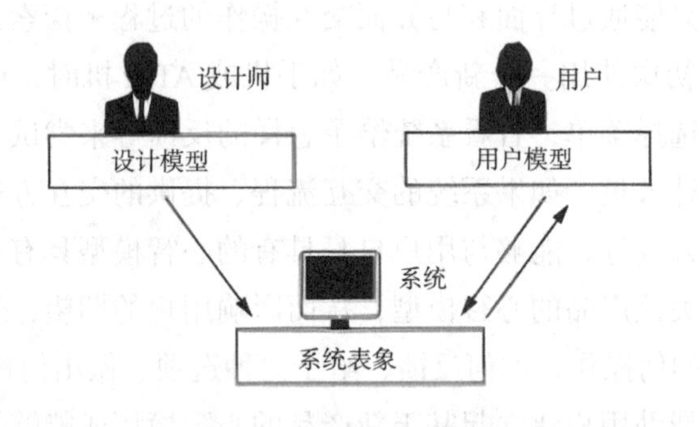

图 2-1 产品心理模型

通常情况下，由于设计人员和用户难以直接沟通，因此系统表象成为二者之间的沟通媒介和渠道。在用户通过系统表象与产品或系统交互的过程中，如果出现问题通常是因为以下两方面的原因。

一是设计模型和系统表象不一致，即产品最终的实现界面未按照产品设计人员的初期设计思想来实现，原因可能是设计师与技术人员的沟通不畅，或受限于外界因素如技术限制、设计周期过短等，造成设计完成程度不够。

二是系统表象与用户（心智）模型不一致，即系统的设计与用户对系统的期待不一致。这一问题则是设计模型与用户（心智）模型不一致的表现，其实质是系统背后的设计师对用户（心智）模型了解不够所致，这也是交互系统设计中更为常见的现象。

追求用户心智模型和设计师模型匹配，是提高系统或产品易学性、可用性的重要途径，也是以用户为中心的设计思想的重要指导原则之一。

第二节　交互设计的原理与方法

一、交互设计的原理

设计是一门尽力满足传达需求的学问。设计师通过设计向用户传达产品的使用方法、功能、文化背景等含义，信息化的发展使这种传达的载体已经不仅仅局限于固有的形式，而是需要有用户参与的多态响应式系统。用户对设计输出物的理解，需要通过与其交互才能得以实现。交互是人类生存和发展的需要，是人类和其他动物适应自然和繁衍进化所必需的能力。交互扩展了人类感知、认知和控制外部世界的能力，对产品的使用行为、任务流程和信息框架的设计，实现了技术的可用性、可读性及愉悦感。用户不仅要求设计师去设计物品，更需要设计师去设计使用的方式和体验过程，这种方式必须是与人们的生活方式相结合的。因此，交互设计与用户体验、需求层次、非物质性、信息可视理论密切相关，只有理解交互设计的原理，才能在原理的基础上打造良好的交互方式。

（一）用户体验

1. 用户体验的定义

用户体验是指在用户使用产品或系统之前、期间和之后的所有感受，涵盖生理和心理反应、喜好、情感、行为、信仰、成就和认知印象等方面。以此来看，用户体验不单是一个硬件设备、App或者网站需要考虑的因素，它始于用户与产品的初次接触，甚至是在地铁站偶然看到的广告。用户在每个产品触点和使用过程中都会进行评价和交互。如人们对餐厅的选择，对餐厅的第一印象，服务员是否在合适的时间引领到满意的位置，菜单的摆放位置和选择菜品的直观性，选择的菜品是否符合预期，服务的满意度，是否会再次选择这家餐厅，等等，这些都和餐厅的用户体验密不可分。用户体验的本质是一种建立在主观情感体验上的过程。

2. 用户体验的发展变化

早在文艺复兴时期，用户体验的概念就已出现了。在迈克尔·盖博（Michael J.Gelb）所著的《像达·芬奇那样思考》一书中，描述了米兰公爵托付达·芬奇为高端宴会设计专属厨房的故事。这位伟大的艺术家——达·芬奇，把他的创新天赋应用于此次厨房设计中，将技术与用户体验设计融合在厨房的每一个细节之中，例如，他设计了传送带输送食物，并在厨房的安全设计中首次引入了喷水灭火系统。尽管这些创新设计存在一些缺陷，如传送带工作不够稳定，需要人工操作；喷水灭火系统出于安全而设计，但一旦使用便会损坏许多食物。达·芬奇的厨房设计作为用户体验设计的早期实践，尽管其尝试并未完全成功，但它具有极其重大的历史意义。机械工程师弗雷德里克·温斯洛·泰勒（Frederick Winslow Taylor）是20世纪初最早的管理顾问之一，同样也是美国闻名的经济学家和管理学家，被人们誉为“科学管理之父”，他所著的《科学管理原理》一书，对工程效率领域产生了深远的影响。20 世纪以来，科学管理在美国和欧洲大受欢迎，除了帮助管理者指明企业的发展方向，还对企业的高效产出提供了有效的指导。随着亨利·福特的福特汽车实现大规模生产，泰勒和他的支持者们也逐渐完善了劳动者和工具之间高效协同交互的早期模式。

1955 年，美国工业设计师亨利·德雷夫斯（Henry Dreyfuss）在其著作《为人的设计》一书中提出，如果产品与用户之间的交互点变成摩擦点，那就意味着这个设计是失败的。反之，成功的设计是，产品使人们感到更舒适、更安全、更高效、更愿意购买，哪怕是只让人们觉得更加愉悦。随着人与产品的接触逐渐增多，这些原理的广泛应用也逐渐增多，其最核心的目标就是追求用户的极致体验。在迪士尼世界的早期建设阶段，华特·迪士尼（Walt Disney）基于用户体验的视角这样定义它：迪士尼世界运用最新技术，将成为一个改善人们生活的场所。他将想象力与技术相融合，使迪士尼世界充满着无尽的喜悦与欢快氛围，同时这也激发了设计师在用户体验方面的不断探索。身为电气工程师、认知科学家的唐纳德·诺曼，是美国认知科学、人机交互等设计领域的著名学者，同时也是美国知名作家，以书籍《设计 & 日常生活》闻名于工业设计和互动设计领域，并曾被《商业周刊》杂志评选为全球最有影响力的设计师之一。在他加入苹果公司之后，对其以人为核心的产品线进行研究与设计，他的职位被称为“用户体验架构师”，这是首个以用户体验为核心的职位。也是在那个时候，人们才开始广泛认识“用户体验”这一词。

史蒂夫·乔布斯（Steve Jobs）在 2007 年发布了具有影响力的产品——iPhone，这款手机被誉为跨越式产品，并且乔布斯也承诺它比市面上的任何智能手机都更易于使用。之后，iPhone 不仅实现了乔布斯的承诺，还完全改变了智能设备领域的格局。iPhone 并非利用传统的物理键盘与用户交互，而是采用革命性的电容触摸屏，它结合了最精湛的硬件和软件系统。与当时的手机相比，初代 iPhone 提供的用户体验更为出色。同时苹果公司强调，他们之所以能赢得市场与荣誉，是因为提供了出众的用户体验。

在用户体验设计发展史上，每一个重要的时刻都来自技术与人性之间的摩擦。随着互联网和新兴技术的不断进步，它们越来越多地融入人们的生活，然而，多学科实践、跨领域协作和专业技能也是这种发展所要求的，这包括软件开发、用户研究、客户服务、图形设计等多个方面。互联网不再仅仅局限于智能手机和笔记本电脑，其他领域也开始接入网络，比如智能医疗设备、智能汽车、可穿戴设备等。在全球化互联的时代，专业用户体验从业者肩负着更大的职责，用户体验设计涵盖了人们生活的各个细节，无时无刻不在影响用户的生活。

3. 影响用户体验的因素

用户体验的形成过程是用户、场景和系统相互作用的结果，影响用户体验的因素有用户特性、系统特性和环境因素。用户特性是体验发生的载体和内在条件，系统特性是影响用户交互体验的外在激励，环境因素是微观的物理环境和宏观的社会环境。用户特性包括用户当前的状态、用户的能力，对产品既有的经验、知识、需要、态度及期望等，这些都会影响并决定用户体验，而用户是具有差异性的，所以用户体验也是具有个体差异的。回报的评估通常与内在需求迫切性和资源稀缺程度有关，而投入代价受个体能力极限的约束，影响用户体验的用户特征主要包括需求迫切性和用户能力边界两个方面。系统特性是用户体验的外部激励物，是可控制的变量，体验与用户所感受到的系统有用性、易用性和效率有关。根据体验的代价回报理论，设计师更需要关注代价和回报的相对变化。环境因素是作为一种外部约束条件存在的，交互过程所处的物理环境和社会文化是一个整体，同一激励物在不同的环境下会产生不同的用户体验，即产生不同的价值判断和情绪反馈。在公共区域还是在私密空间中使用，是可穿戴式还是便携式的产品，在设计上会有很大的区别。

4. 用户体验的目标

用户体验的目标就是做到自然，让用户在不需要思考的状态下享受整个过程。例如，微信的“摇一摇”是以“自然”为目标的设计。抓握和摇晃是人在远古时代没有工具时必须具备的本能，借助抓握与摇晃的设计，从而激发人的行为本能，在设计“摇一摇”功能时，其目标是将它与人类的自然或本能行为体验相一致。摇一摇的体验包括以下方面：在动作上，鼓励用户进行摇动操作；在视觉上，屏幕会裂开并合上，以响应摇动动作；在听觉上，会有吸引人的音效，例如男性用户听到的是来福枪的声音，而女性用户听到的是铃铛的声音；在结果上，屏幕中间会滑掉一张名片，整个界面就没有菜单和按钮了。自“摇一摇”功能上线，就迅速实现了每天超过一亿的使用次数。这种简单又自然的体验和精巧的设计，使得人们自然而然地使用它，而且不受人群的限制。这种通过肢体，而非鼠标或触屏来完成的交互，在用户体验上真正做到了自然。如早期 iPhone 的解锁方式，不需要专门去查看说明书或者学习就可以正确使用，因为触摸是人的天性。同时，通过箭头图标，有向右滑动的指示箭头，来暗示是通过手指触摸向右滑动来解锁的，不需要用文字解释，不需要用户思考，就可自然产生滑动解锁的动作。

5. 用户体验的类别

（1）感官体验

人的感官由视觉、听觉、触觉、嗅觉和味觉构成，对于感官的刺激可以调动用户的情感，激发人们内心的情绪，比如快乐、自豪、高兴等，强调舒适性。感官体验主要包含视觉体验、听觉体验、触觉体验、嗅觉体验、味觉体验。视觉体验旨在吸引眼球，比如哈啰出行，运用一致的蓝色，不仅提升了品牌的辨识度，而且给用户在寻车用车的过程中提供了便利，增强了用户体验感；听觉感受由声音刺激听觉引发，比如钉钉办公客户端，在用户每次上下班打卡的同时都会给用户听觉上的提醒，让用户再次确定打卡成功；触觉是最直观的体验，通过触摸感、亲身体验来驱动用户体验，无论是硬件产品还是软件产品，都在进一步追求触觉体验，让用户亲身感受；嗅觉和味觉感受是在用户在“视觉疲劳”之后，更深一步的感官体验。

（2）互动体验

互动体验是用户使用、交流过程的体验，强调互动、交互特性，用户在输出相关资讯、信息或服务的同时，平台能够准确反馈用户所需要的结果，从而产生互动的信息流，整个信息流在传输的过程中都会令用户产生体验。矢量咖啡（Up Coffee）是一款监测用户咖啡因摄取量并提升睡眠质量的 App，识别市面上多种饮料的咖啡因含量，记录用户的咖啡因摄取量，计算和分析不同咖啡因摄入量对用户睡眠质量的影响，达到帮助用户提升睡眠质量的目的。此应用的特点是将数据以动态效果呈现，圆形的点不断地往下落，瓶子里面的点也呈现运动的状态，动态效果的图形能多维度呈现给用户实时信息，同时能与用户形成互动，提高数据表现的趣味性。

（3）情感体验

情感体验是基于心理的体验活动，是用户受其周围客观环境影响而产生的一种主观感觉，强调用户心理的认可度，让用户认同、抒发自己的内在情感，形成高度的情感认可效应。例如，App 交互操作中进行友好提示，可以增加用户的亲和度和信任感；购物类 App 针对不同的用户，定期发送邮件、短信问候或温馨通知，来增进与用户之间的感情，给用户在情感上带来信任感。

6. 用户体验的维度和范围

用户体验有两个评估维度和四个涉及范围。这两个维度分别是用户的参与程度以及参与者的背景环境，将这两个维度结合起来，从而得出四个不同的用户体验范围（见图 2-2）。体验离不开用户的参与，用户的参与分为两种：主动参与和被动参与。主动参与是指用户可以对体验活动施加个人影响，被动参与指用户无法直接对体验活动产生影响。用户的参与水平为横轴，纵轴对应的是参与者和背景环境的关联。参与者和背景环境的连接可分为两种：吸引式、浸入式。吸引式体验是指体验活动能够吸引用户的注意力，但用户并未全身心投入其中；而浸入式体验则是指用户完全沉浸在体验中，成为体验的一环。结合这两个维度，得出的四大范围体验是：娱乐性、教育性、逃避性和审美性。娱乐性体验是指用户被吸引参与的体验，通常发生在感官被动的情境下，比如享受阅读、听音乐、欣赏表演等活动；教育性体验则是用户受到吸引而主动参与的体验过程，一般借助学习和实践，使用户获得信息、增加知识储备、提升技能水平；相较于娱乐性体验和教育性体验，逃避性体验是浸入程度较高的一种体验，与单纯的娱乐截然相反，在这种体验中，用户完全沉浸在自己作为主动参与者的世界里，与外界隔离，如在主题公园内步行、玩电子游戏、上网聊天等；审美性体验是指用户虽沉浸于事件或活动中，但并未受到影响，例如观看体育比赛、在峡谷中欣赏风景、在画廊欣赏艺术作品等。通过模糊体验的界限，可提升体验的真实性，多种范围的体验结合在一起，可产生更加丰富、更加具有吸引力的体验。

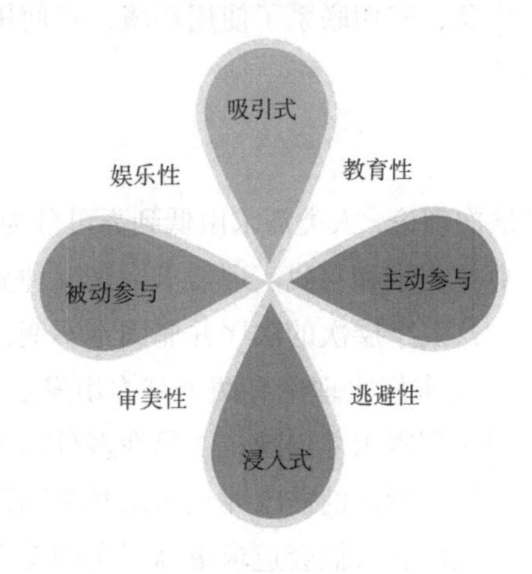

图 2-2　用户体验的维度和范围

例如，微信和支付宝都发现用户有在节假日送祝福的需求，但是从用户的反馈上看，微信红包的整体体验优于支付宝红包。从需求来讲，微信红包和社交关系更紧密，用户期待的是好友之间传达的亲密祝福，但是支付宝红包的接龙游戏只可以传达到朋友圈，涉及范围大，失去了亲密社交的意义。从互动方式上看，微信红包的互动方式也更加贴近用户，微信红包推出了三种方式，第一种方式是看春节联欢晚会摇一摇抢红包，这种方式没有耽误大家进行传统的娱乐活动，只要随手摇一摇就可获得优惠券；第二种方式是群里抢红包，每个人可随机抢到不同的金额，增加了趣味性；第三种方式是过年期间特有的拜年红包，可发送小额的红包，根据金额搭配祝福语。这些形式很贴合现实生活中的过年习俗，切合场景，因此得到了用户的认可。

而支付宝红包推出的三种形式——搞笑模式红包、接龙红包、面对面红包，并没有在用户间形成良好的互动，与传统习俗的脱节使这些互动方式没能被大家熟知和接受。从发红包的路径上看，微信路径的设置比较自然，都是在用户预期的行为中触发红包动作，进入红包功能之后的路径比较简单直接。支付宝的红包入口虽然在首页，但是红包的种类很多，相应的层级较多，路径比较混乱，给用户造成了一些困扰。对于群发红包，因为微信有着社交的优势，直接在群里投放红包，路径简洁易操作。支付宝红包则需要记住八位数的红包口令，输入口令才能抢到红包，操作上给用户带来很大的不便。微信红包和支付宝红包比较，微信红包无论是在使用前、使用中还是在使用后，都紧紧贴合用户的预期情感、喜好、认知印象、生理和心理印象，密切联系了使用环境，将使用过程和谐接入系统环境，达到优化用户体验的目标。

（二）需求层次

依据马斯洛的需求层次理论，人类需求由低到高可分为五个层次：生理需求、安全需求、社交需求、尊重需求和自我实现需求。这五种需求如同阶梯一般，按照层次逐级递升，然而，这五个层次的次序并非固定不变，它可能会随着个体和情境的变化而发生变化。需求层次理论有两个基本出发点：一是人人都有需求，某层需求获得满足后，另一层需求才出现；二是在多种需求未获满足前，首先满足迫切需求，该需求满足后，后面的需求才显示出其激励作用。一般而言，当某一层次的需求得到相对满足时，人们会追求更高层次的需求，这成为驱动他们行为的原动力。但是一旦某个需求得到基本满足，它就不再是激励因素。人的五种需求可以分为两个级别：较低级别的需求是生理需求、安全需求和社交需求，这些需求可通过外部因素得到满足；而高级别需求则是尊重需求和自我实现需求，这些需求只能通过内部因素才能得到了满足，人们对尊重和自我实现的需求是无休止的。一个人可能在同一个时期存在多种需求，但无论何时，总有一种需求决定着个体的行为，占据主导地位。重要的是，任何一种需求都不会因为更高层次需求的出现而消失。即使高层次的需求得到满足，低层次的需求依旧存在，只不过大大降低了对个体行为的影响，因此各个层次的需求是相互依存，存在重叠的。

人类最基础的需求就是生理需求，它涉及对基本生存条件的满足，如食物、水、衣物、空气等，这些需求是驱动人们采取行动的主要动力，是人们最强烈和最根本的需求，只有这些基本需求得到满足，即满足到足以维持生命所需的程度时，其他需求才会成为新的激励因素。当生理需求得到满足后，人们会渴望获得安全感，安全需求是比生理需求更高一级的需求。为了实现这一需求，人的效应器官、感觉器官及其他能量等都可以被视为工具，甚至可以将科学和人生观都当成满足安全需求的一部分。社交需求，也被称为归属与爱的需求，指的是个人希望得到团体、家庭、同事和朋友的关心、理解和爱护，这种需求是对温暖、信任、友情和爱情的渴望，所以人们都期望彼此关心、相互照顾。相较于生理需求，社交需求更追求细致，与个体的教育、经历、生理特性、宗教信仰等因素密切相关。尊重需求一般分为内部尊重和外部尊重，内部尊重指的是在不同情境中，人们期望具备一定的实力、充满信心，能担当和完全胜任被赋予的职责，即个人的自尊；外部尊重指的是人们希望受到他人的信赖、尊重和高评价，渴望获得地位和威信，当尊重需求得到满足时，人们会对自我信心满满、对社会充满热情，从而感受到自我价值。最高层次的需求便是自我实现需求，旨在最大限度地发挥个人能力，实现个人理想与抱负，以达到自我实现的境界，具备这种需求的人通常具备较强的解决问题的能力，擅长独立处理事务，能够完成与自己能力相匹配的事情。

例如，网易云音乐具有音乐社交的特点和良好的用户体验，之所以能在众多产品中脱颖而出，是因为其在功能设计上遵循用户需求层次理论，层层递进，逐渐满足用户的需求，不断提高用户的忠诚度。在用户生理需求上，多元化的听歌方式满足了用户最基本的听歌需求；在安全需求上，通过设置多种合作登录方式、自定义绑定平台、自主选择显示模式，满足了用户安全感的需要；在社交需求上，基于社交属性进行音乐评论，让用户在音乐中寻找共鸣；在尊重需求上，针对现代人面临工作生活压力的情况下，渴望被认可和被尊重的心理，用点赞的形式欣赏其他用户创建的歌单，使发布者获得极大的心理满足与认同感；在自我实现需求层次上，很多企业和个人通过网易云进行营销，从而提升品牌知名度，提升自我价值。网易云音乐基于人类需求五层次理论，诠释了受众的心理状态，使其积累了众多的受众，在产生商业价值的同时创造社会价值。

（三）非物质性

当代社会是一个与以往的工业时代完全不同的社会，琳琅满目的商品，电视里播放的广告，竖立在城市各个角落的广告牌，吸引着人们的眼球，动漫、电影、游戏、短视频等，受到人们的喜爱……这种变化体现了随着物质生产的发展，人们的消费观念发生了巨大的变化，以往用户关注更多的是产品的功能、样式等，而在当代社会，用户更加关注的是产品与人的关系、产品的内涵、产品的个性化、人性化、情感化等更多服务性的因素。物质和精神生活的不断丰富，使得人们对审美的要求不断提高，产品不再只具有物质价值和功能，产品的非物质性，如个性、人性、情感等因素成为用户追求的新趋势。非物质性理论的提出和确立，是当代设计发展进程中的一个重大变革。在现代设计史上，从威廉·莫里斯（William Morris）首倡艺术与工业结合到包豪斯提倡艺术与科学的统一，强调功能主义；再到现在非物质设计的飞速发展，都体现了人们消费观念的变化，期待和追求的更多是情感、精神层面的需求。这些产品也体现着随着社会的变化，超越实用功能的变化。产品的非物质设计无疑得到了更多用户的青睐，这些超越了功能的产品是当代社会和科技发展的必然产物，影响和改变了人们的生活。

非物质设计是从物的设计转变为非物质的设计、从产品的设计转变为服务的设计、从占有产品转变为共享服务。它对人类生活和消费方式进行重新规划，并不局限于特定的材料或技术，是非物质主义突破传统设计的领域；它深入研究“人与非物”之间的关系，从更高层次上分析产品和服务；它致力于利用更少的物质产出与资源消耗，实现可持续发展的目标。非物质设计的内容主要包括三个方面：信息设计、情感设计和体验设计。

1. 信息设计

信息设计是指人们对信息进行处理的技巧和实践，通过信息设计可以提高人们应用信息的效能。它可以把复杂信息变得一目了然且具美感，化繁为简。它借助艺术设计的形式与方式进行传达、表示、处理和整合，以提供一种供人们了解、使用和获得信息的产品或工具。信息设计涵盖多个方面，既包括信息时代涌现出的程序算法设计、电脑软件设计等，还包含传统工业设计中的符号设计、产品语义传达等，在信息设计中，传统的可视性原则、图片优势效应等设计原则依然适用。

2. 情感设计

情感设计是通过创造能够刺激感官的光线、色彩、味道、声音等元素，使人们获得强烈的冲击与感受。这种设计理念早已存在，比如格雷夫斯设计的自鸣式水壶，就体现了情感这一审美元素在设计中的重要作用。近年来，随着技术进步和人们对情感需求的增加，情感设计得到了更广泛的关注和应用。例如，三维电影和环绕立体声音效给观众带来了身临其境的感受，情感设计的优劣在游戏制作与设计中也成为衡量游戏质量的重要指标。随着科技的日益发展和人们生活娱乐化的趋势，在未来的设计中，情感设计将占据更加重要的地位。

3. 体验设计

体验设计是利用艺术设计，在人们的精神层面上协调其生活，使忙碌的现代人能够更好地、更真切地享受生活。如迪士尼乐园等主题公园，以及热带雨林餐厅等特色餐厅，都通过精心的设计为人们提供独特的体验。在体验设计中，人们不再使用款式新颖、颜色漂亮等词语评价设计，反而更加重视所获得的感受和体验。这尤其体现在汽车设计中，人们描述汽车的优点时，更加强调他们感受到的情感体验，如驾驶速度感、乐趣以及急速转弯的刺激等。有些人喜欢一款车，也许并不太在意其流线型设计，而是喜欢它所提供的便利设施，如有咖啡杯的放置位置，当他们进入汽车时，这种便利的感觉对他们来说极为重要。所以，目前评价一款产品的好坏时，不仅仅注重其物质属性，更多的是注重它所给予的非物质体验。

现代人们追求的不再是丰富的物质，而是更多地关注每一件事物所带来的额外价值，尤其最关键的是服务价值和情感价值。在产品设计中，这些价值大多通过非物质的设计形式展现出来。在人们的生活中，非物质设计无处不在，虽将有形转化为无形，但却能够让人们感受到设计的用心，从而推动人类文明的进步。

（四）信息可视化

据认知心理学的研究，人类对于图像的接受度和认知速度大大超过了文字。信息可视是要将信息以通俗易懂的方式呈现出来，如那些朦胧、模糊、复杂、难以理解的信息，通过可视化手段可以揭示其中的内在规律，使之易于预测、沟通、研究和传播。信息可视化能够简化整个交互流程，让人们更容易接受和理解。由于研究对象和应用领域的不同，信息可视化的分类也有所不同，依据信息资源的特点，主要可分为一维信息可视化、二维信息可视化、三维信息可视化和多维信息可视化。一维信息可视化主要对简单的线性信息进行可视化表达，如文本、数字等，这种可视化方式能够尽可能地减轻文字处理工作，不仅减少了用户的脑力劳动负担，而且在各种文献信息的检索和知识挖掘方面，发挥着关键作用。二维信息可视化主要处理包含两个主要属性的信息，地理信息系统（GIS）是其中的代表应用，它主要用于气象预报、交通管理、区域规划等领域，此外健康和普查数据也是人们常看到的。三维信息可视化在建筑和医学领域有广泛应用，并且很多科学计算可视化也涉及三维信息可视化，数字化图像技术和 VR 技术常用于创建和描述现实的三维信息，相较于真实的空间，这种虚拟的三维信息会更实用、更高效。在多维信息可视化中，多维信息指的是超过三个属性的可视化环境中的信息。最典型的例子是，美国马里兰大学帕克分校人机交互实验室研发的动态查询框架结构软件（Home Finder），它支持 Android 和 iOS 系统，能够提供多维房屋数据的可视化，用户可以通过移动数据库中相关属性对应的滑块，如价位、卧室数量、位置等，查询结果并实时更新动态。在二维空间或三维空间内能实现多维信息可视化，究其原因是人们很难抽象想象多维空间，同时多维信息也很难被现有的技术直接表现出来。

信息可视化作为信息展示、传播、互动和数据分析的有效手段，将在各个领域中得到更广泛的应用。它通常适用于大规模非数字型信息资源的可视化表达，旨在创设通过直观的形式传递抽象信息的方法和手段。以某天气 App 为例，用户看天气预报的核心目的是看天气状态和温度，该 App 基于时间和用户情绪维度，确定用户的体验峰值（见图 2-3），在天气状态上模拟真实的大自然场景，做实时变化的动态天气信息展示，为用户营造愉悦的产品体验。

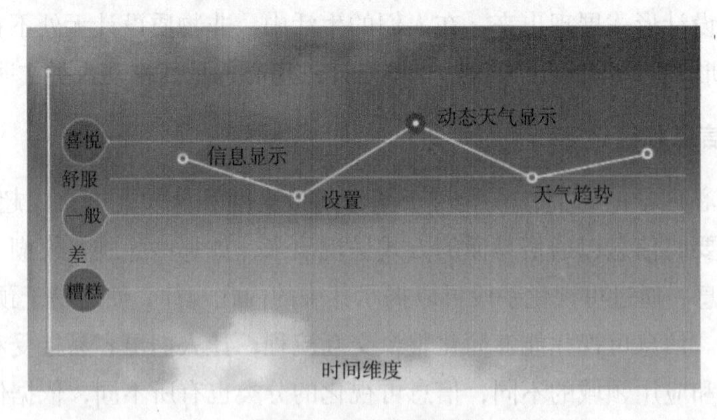

图 2-3　用户体验峰值

在明确气象信息的前提下设计动态天气，给予用户更强的视觉冲击，从而更真实地还原当前的天气状况，传达给用户晴空万里、烈日当空或大雨滂沱等实时的外界气象变化。基于该设计目标，进行天气分层信息设计，天气内容信息展示在第一层；玻璃介质层为第二层，考虑到玻璃为透明介质，因此设计中增加了一部分光线的漫反射；第三层为动态天气层，是真实的气象环境模拟；第四层也是最后一层，为背景层（见图 2-4）。

图 2-4　天气分层示意图

在雾天，灯塔作为一种标志性元素，不仅能吸引人们的注意力，形成视觉焦点，而且在冷色系中加入温暖的黄色灯光，能营造出更加温馨的氛围；在晴天背光的天气中，尽管太阳的图片能够直观地展现出晴朗的天气，但大多情况下直接面对太阳会使人感到不舒服，因而背向阳光观察事物时则让人感到舒适、清晰、明朗，所以背光设计旨在给予人们愉快、喜悦的感受；雨雪天气的显示实现了从天窗降落的雨滴及平铺的雪花效果的模拟，同时加入了风的随机因素来更好地展现粒子自然的效果。基于不同天气类型将要传达给用户的信息可视化，可以让用户获得更加直观的感受。

二、交互设计的方法

方法学是一门综合性的学科，旨在研究设计程序、规律、思维和工作方法。它是以系统工程的观点分析设计的设计手段、设计方法和战略进程。在总结设计规律和启发创造性的基础上，方法学致力于促进现代设计理论、先进手段、科学方法和工具的综合运用。交互设计是交互设计系统的设计，常使用以用户为中心、以活动为中心、以测试为中心和以目标为导向的四种设计方法创建产品、系统和服务，创建从软件到智能产品到服务的系统。

（一）以用户为中心的方法

在传统的新产品开发中，通常以设计人员的主观想法为主导，通过利用新技术或概念来研发新产品，并创造新的需求。在这个过程中，用户往往需要经过一段时间的学习，重新建立心智模型，以此来适应新产品。在设计团队的主观创意驱动下，产品的新功能被强调，但有些功能可能并不适合大多数用户。设计开发过程高度依赖设计者的素质与才能，这可能会带来成功的结果，比如乔布斯所领导的苹果公司；然而也可能由于满足不了用户的需求，导致产品以失败告终。在以用户为中心的新产品开发中，强调在产品开发的全过程中，比如前期设计研发、调查分析及后续测试等环节，均需要用户的积极参与，并提供一定的反馈信息，为设计带来参考价值。用户的角度出发，以用户的需求为导向，完成产品的开发过程，可以降低失败的风险。

在以用户为中心的交互系统设计流程中，共有五个阶段，其中后四个阶段可根据需要进行迭代循环。第一，准备阶段需要确认新产品开发的必要性，制订计划，并做好用户需求获取、测试和优化的准备工作；第二，对使用的内容进行定义，明确产品的使用对象、环境和目标等信息；第三，定义用户需求，如用户定性需求、与使用相对应的产品功能需求等；第四，进入产品设计方案阶段，根据前一阶段的需求设计方案；第五，对比评估产品设计方案与用户需求，如果设计方案未能满足用户需求，那么要返回到第二阶段进行迭代优化。

以用户为中心的设计强调通过对用户需求的研究，挖掘出用户的真实需求，在设计的过程中始终将用户的需求放在首位，提升产品的易用性，使产品易学易用，尽量避免操作过程中的失误。以用户为中心的设计要求在产品开发过程中，要考虑到用户有可能采取的行为，理解不同过程中用户的期望值。

以用户为中心的设计要考虑为人设计、认知摩擦和心理与实现模型三个因素。

①为人设计。交互设计是一种专注于设计可支持人们日常工作与生活的交互式产品，以用户为中心的研究主要探讨人的需求和体验，重点在于独立的个体对产品的期望和感受。交互设计致力于创造新的用户体验，其目标在于加强和拓宽人们的交互、通信和工作方式。设计人员在设计产品时，需考虑用户对产品的认知水平与期望，他们要深入研究用户作为一个“人”的行为和心理模式，并根据这些特点来设计贴合用户需求的交互方式，使用户在使用产品时不仅能达成目标，还能获得愉快的体验过程。

②认知摩擦。随着数字化时代的到来，人们的生活变得更加舒适和高效，然

而，新技术和新设计的不断涌现也使一些人感到无助与茫然。当人们接触一件新事物时，他们往往会依据过去的认知经验来了解和学习这个新事物，这就导致在使用某些新技术产品时，人们可能会感到毫无头绪，所以只能依赖厚厚的说明书或文档，来重新学习如何操作这些产品，美国学者阿兰·古柏将其称为“认知摩擦”。如今数字产品广泛普及，设计者必须面对认知摩擦这一现象所带来的问题。

③心理与实现模型。“用户心理模型”和“实现模型”的概念就是为解决认知摩擦问题而引入的。用户心理模型描述了用户对产品运行机制的认知理解，而实现模型则描述了程序通过代码实现的机制，设计师将程序功能展现给用户的方法叫作表现模型。用户心理模型呈现的是用户如何理解产品的工作，而实现模型呈现的是产品实际上是如何工作的。在数字产品领域，心理模型和实现模型有着明显的区别，由于大多数用户都没有参与产品的研发，因此他们并不知道产品的运行原理，他们只能根据自己的日常经验来理解产品并操作产品以达到目的。许多数字产品都是依据实现模型设计的，对于产品工程师而言这些模型逻辑清晰，但对于用户而言却难以理解，这导致了认知摩擦的出现。因此，在设计产品时，交互设计者应该隐藏实现模型，基于用户心理模型进行交互设计，而非实现模型。

（二）以活动为中心的方法

以活动为中心的设计也称为以行动为中心的设计。活动即完成某一意图的一系列决策和动作，活动可以单独进行也可以与其他人协作。在以活动为中心的方法中，决策和用户的内心活动不再被强调，强调的是用户在做什么，用户目标和偏好不再被关注，关注的是用户围绕特定任务的行为。活动由动作和决策组成，其任务可以是类似按下按钮这样的简单动作，也可以是复杂到类似于执行发射核导弹的所有步骤。在活动的生命周期里，每个任务都对应一个时间段，每个时间段都可以进行相应的设计。例如，提供一个按钮来启动设备，用标签或说明来辅助用户做决定。在以活动为中心的设计过程中，设计师观察并访谈用户，分析他们对行为的领悟，先列出用户活动和任务，然后设计解决方案。以活动为中心的设计允许设计师专注于当前任务，设计出支持任务的产品和服务。例如，任务“提交表单”可能需要一个按钮，任务“打开设备”可能需要一个开关或按钮等。活动的执行并不一定都是由人来完成的。以活动为中心的设计允许设计师密切关注当前任务并创建对任务的支持。

以活动为中心的设计涉及一个完成目标的过程范畴，它包括在这个范畴内的所有存在，如人的行为、使用的工具、面对的对象、所处的环境等。在运用方法上，一方面要考察人的因素，既研究人的生理、心理、环境等对人的影响和作用，也研究人的文化和审美、价值观念等方面的要求和变化；另一方面要研究技术的革新与发展，以及它可能带给人类生活和观念上的影响，还要研究人与技术之间如何协调，从而使人类更好更快地享受到技术所带来的巨大改变。

以唱吧 App 为例，唱吧是一款免费的社交 K 歌手机应用，App 内置混响和回声效果，可以将用户的声音进行修饰美化。应用中除提供伴奏外，还提供了对应的歌词，K 歌时可以同步显示，并且能够像 KTV 一样精确到每个字，同时还提供了有趣的智能打分系统，所得评分可以分享给好友。唱吧 App 增添了聊天功能，登录后可以与唱吧好友进行互动，可以寻找好友、附近群组和附近“歌王”，参与兴趣圈的交流。唱吧 App 以唱歌活动为中心，打造良好的唱歌氛围，挖掘用户更深层次的需求。

（三）以测试为中心的方法

可用性是用来衡量产品质量的重要指标，从用户角度来判断产品的有效性、学习性、记忆性、使用效率、容错程度和令人满意的程度。可用性测试是在交互设计中不断获得用户反馈，根据用户反馈不断优化产品设计的一种方法。其目的是建立评价标准，尽可能多地发现可用性问题，并指导产品设计和改进，尽可能地提高产品的可用性。可用性测试是在产品或产品原型阶段实施的，通过观察、访谈或二者相结合的方法，发现产品或产品原型存在的可用性问题，为设计改进提供依据。可用性测试不是用来评估产品整体的用户体验的，主要是发现潜在的误解或功能在使用时存在的错误。以眼动仪测试为例，功能的外观设计隐喻其本身功能性，让用户能够很容易发现并使用。例如，红色的按钮吸引人们的点击，可见性通过这种方式自然而然地引导人们正确地完成任务。缺乏可见性会导致可用性问题——用户找不到或花费很大力气找到需要的功能，在此过程中，用户要浪费多余的注视点、进行多次眼跳去寻找他们需要的功能，错误地突出不重要元素同样会让用户误入歧途。交互元素在视觉上的强弱要与其功能在界面上的优先级相匹配，设计以达成有效用户目标或完成任务为目的。眼动追踪将人的视觉获取信息的行为显性化，让人们有机会去观察用户是如何从界面上获取信息的，通过用户在界面上的注视行为轨迹和时间判断界面元素被注意的程度。用户在界面上扫视他们需要的内容，从眼动轨迹看，大量注视点散落在各个分离的区域，整个眼动过程带有一定随机性，而且速度很快。眼动轨迹可以清楚地显示用户阅读了哪些文本信息，用户通常通过一两个注视点就可以决定是否需要阅读此内容。

例如，2010 年上线的儿童类游戏《洛克王国》，在对儿童这类用户群体的浏览习惯、思维和感知等情况的深入了解下，利用可用性测试来判断更加适合儿童这类用户群体的行为习惯。通过对《洛克王国》官网首页与《七雄争霸》官网首页的热区图（见图 2-5）来分析，左图为儿童用户浏览习惯热区，右图为成人用户浏览习惯热区，儿童用户在浏览页面时与成人用户浏览时存在一定的区别。儿童注意力不集中，很喜欢用鼠标点击，且是没有一定焦点的点击，而成人用户则是很有目的地去点击自己需要的内容，儿童用户的思维与成人用户的思维是存在一定差异性的。因此，在设计游戏界面时，通过眼动仪测试结果得出的儿童浏览习惯对产品的优化设计具有一定的意义。

图 2-5　用户习惯测试对比

人经常会面临多个设计方案的选择，如某个按钮是用红色还是用蓝色，是放左边还是放右边。传统的解决方法通常是集体讨论表决，或者由某位专家或领导来决定。虽然传统解决办法多数情况下也是有效的，但测试是解决这类问题的更好的方法。可以为同一个目标制订 A、B 两个方案，如两个页面，让一部分用户使用 A 方案，另一部分用户使用 B 方案，记录下用户的使用情况，看哪个方案更符合设计目标。以男性时尚电商平台 FRANK&OAK 为例子，该平台通过匹配每个用户的兴趣和行为，为每个用户打造专属的购物体验，使平台的服务更完善。为了体验这一个性化的服务，用户首先需要注册 FRANK&OAK 的 App。FRANK&OAK 团队通过登录页的改进设计展开主动性测试。首先尝试改变填写框并加上 Facebook 账号辅助登录机制，其次看增加谷歌账号登录是否会增加注册量。测试数据显示，“connect with Google（通过谷歌账号登录）”这一按钮的添加为 FRANK &OAK 带来了 1.5 倍的注册量。

（四）以目标为导向的方法

交互设计希望设计合理的行为，帮助用户更好地理解和使用产品，以满足用户的各种需求，达到用户的不同目标。以目标为导向的设计，其本质是“让用户轻松实现自己的目标”。因此，目标导向的设计首先关注的是人的目标，比如去哪儿 App 关注用户培养旅游休闲目标，淘宝 App 关注用户的购物目标，豆瓣音乐 App 关注用户的音乐审美目标，微信 App 关注用户的社交目标；其次，目标导向的设计通过满足用户的各种需求来达到他们的目标，如淘宝 App，先需要帮助用户在众多产品中挑选他们需要的商品，然后帮助用户将中意的商品放到一个方便找到的地方，如购物车，再帮助用户完成付款的过程，最终还要帮助用户了解出货情况、物流进度等，所有用户需求的解决，都是为了达到用户快速愉悦的购物目标。

以目标为导向的设计过程包括调查研究、利益关系人访谈、建模、需求定义、设计框架、设计细化和设计支持。调查研究：定义项目范围、目标、日程；利益关系人访谈：了解产品前景规划和各种限制；建模：建立用户角色、使用者和客户模型；需求定义：设定情境场景剧本，描述产品的需求，如功能需求、数据需求、使用者心理模型、设计需求、产品前景、商业需求、技术等；设计框架：定义信息和功能如何表现，设计使用者体验的整体架构，描述用户角色和产品的交互；设计细化：将细节细化并具体化，如外观、界面、行为、信息、视觉化等；设计支持：设计修正，在技术约束发生改变时，保持设计概念的完整性。其中，调查研究、利益关系人访谈、建模和需求定义都是为了更好地理解用户的目标和需求，设计框架和设计细化是具体的设计部分，最后的设计支持就是开发实现阶段。用户目标是目标导向设计法最核心的元素。确定用户目标，主要是从功能的场景出发，来明确用户的需要。用户场景是在某时间，某地点，周围出现了某些事物时，特定类型的用户萌发了某种欲望，会想到通过某种手段来满足欲望。

例如，在对 App 的登录过程进行设计优化时，数据显示很多用户没有完成操作就离开了，分析其原因，是登录操作过程麻烦。用户往往需要的是快速登录，希望登录越简单越好，越快越好。在确定用户目标时，应从用户的角度出发，思考用户如何使用产品，如何让用户感觉产品更加易用。通过人、目的、行为、环境、媒介、疑点、要点、策略等用户的行为分析让用户轻松实现自己的目标，对用户产生连续行为的分析，为用户打造良好的用户体验。无论是软件产品还是硬件产品，都应当关注用户的目标，以最简单直接的步骤给用户想要的结果，尤其是在移动互联网碎片化、易打断的使用场景下，更应该避免增加过多的步骤或操作任务。打造最直观的交互给用户直观的信息反馈，同时交互要符合用户期望模型及潜意识行为。

以“淘宝分享”为例，用户在浏览选择商品时，基于用户特征行为，通常会有分享的需求，这里，用户的目标就是将自己喜欢的商品分享给好友。以好友分享这个目标为导向，通过两种方式来实现这个功能需求，一种把分享按钮以明确的功能入口形式在特定的商品详情页中展现给用户，按照分享方式，分为第三方平台、复制链接、二维码图片和最近联系人等；另外一种分享，是建立在用户已有的分享模式上，如截图分享，在用户产生截图这个动作，预判断用户的下一步行为可能是分享，所以在截图动作结束之后立即弹出分享的上弹页面，点击分享渠道即可实现用户目标。预判断用户的行为，将用户分享的整个流程简化，避免再次退出淘宝打开其他社交应用的烦琐程序，一般来说，用户截图大多数时候都是为了分享给他人，少部分是为了留底备份。所以检测用户的截图操作，提示用户进行分享，既缩短了以前分享截图的操作路径，避免了在长路径中的行为中断如截图完成后忘记分享或觉得麻烦放弃分享等，也会让用户觉得贴心。

第三节 交互行为与交互形式

一、交互行为

交互过程有五个要素，分别为用户、行为、目标、场景和媒介。设计师从目标出发，遵循用户的习惯，考虑产品的使用场景和媒介，设计出合适的交互行为。好的交互行为应当自然顺畅，在操作流程和心理体验上都畅通无阻。不恰当的交互形式会给用户造成困惑和阻碍，容易使用户放弃体验。交互行为需要基于商业目的、用户体验创新、科技创新等角度综合考虑。同时，应该遵从设计让世界更美好的原则，好的交互设计培养用户获得更好的行为习惯，与周围环境更好互动。下面将解构交互行为的类型、模式和过程。

（一）交互行为的分类

1. 物理行为

物理上的交互可以简单地归纳为人机交互。人在界面上进行操作，系统按照人的指令执行动作，并在界面上有所显示，给人以反馈，这是一个可见的、有载体的、可记录的过程。如早期的按键手机，用户的操作只有按键动作，而智能手机诞生后，触屏催生了一系列的指尖动作，在二维的触摸屏幕上，人们可以进行单指点按、左右滑屏、双指放大、拖曳、长按和短按等操作。又如，在实体的零件，如把手、旋钮、推拉杆上，人们习惯于整只手或多个手指操作，有抓握、旋转、扳下、拨动等。

当界面交互上升到更智能的体验设计时，交互的形式将更加直观。谷歌公司于 2016 年公布了 Project Soli 手势雷达技术。此技术的核心是在可穿戴设备、电器中放入雷达芯片，从而能够感知用户手指的细微操作，用户在一定距离内隔空做出各种手势，如位移、转盘、按压、拖动等，便可以操纵设备。例如，智能手表等可穿戴设备，用户可以隔空自己模拟着转动手表的旋钮，从而实现时间调整操作。这种全新的操作方式将会把触屏及实体硬件的使用率降到最低，几乎所有可穿戴设备都有可能使用这个技术，实现更加流畅、人性化的人机互动方式。

良好的交互形式源于用户在现实生活中积累的认知经验，如手势雷达技术希望能达到用户可以在设备附近凭空控制它的效果，且能根据不同手势进行控制。用户可以假想存在平面、按钮或旋钮等调节设施，然后按照相应手势进行操作即可，人机交互方式上升到非常简洁且人性化的高度。

2. 感知行为

如果将马斯洛需求层次理论延伸到人机界面的领域中，不难看出产品除了具有功能上的可用性，还更应考虑到用户的互动体验，如美感、舒适、满意和愉悦性等。人类审美价值有两个基本的方面：一是感性体验，即形成对象的外部形式，尺寸大小、颜色、亮度、表面特征等自然性质；二是来自人的认识与感受、人的审美感知，即审美价值的规律与意义，是人与审美对象关系所表达的意义，与产品所体现的民族、文化、时尚和时代潮流息息相关，和感性体验交织成更为复杂的美感、满意和愉悦性体验，愉悦性使人的认识活动进入更高一层的精神领域。

以 App 的交互设计为例，设计时需要把人、动作、工具、媒介、目的和场景等要素合理整合，侧重用户的情境体验。App 交互体验分为感官体验、情感体验、思维体验、行为体验和关联体验五个层面。感官体验：界面基于视、听、触等感觉器官带给用户的直观感受；情感体验：设计形式以用户心理和内心情感为依托；思维体验：界面通过设计引发用户思考；行为体验：以引导用户互动为脉络创建体验；关联体验：综合、超越上述四个层次的体验，是用户通过 App 与外界产生联系的体验。创造娱乐性、教育性数字媒体产品中互动元素的趣味性和娱乐性也是“人性化”设计的一种表现，通过游戏的方式来设计多媒体互动元素，使其具有很强的娱乐性，正是人们本性回归的体现，是人们日益追求的休闲、愉悦的生活和学习方式。以抖音 App 为例，除了浏览、制作、分享短视频和直播等基本功能，抖音 App 还具有一些特色功能，如一起看视频、合拍视频等，赢得了大量用户的支持和偏爱，若只为了感官体验，很多 App 都能实现制作视频、直播的功能，但考虑到情感体验、思维体验等层次的设计屈指可数。

3. 体验行为

“用户体验”指的是用户与系统交互时的感觉，用户体验的目标与可用性的目标不同，后者更为客观，而前者关心的是用户从自己的角度如何体验交互式产品，而不是从产品的角度来评价系统的有用或有效。当前，学术界根据体验深度将体验划分为三个层次：第一层次指持续不断的信息流向人脑，用户通过自我感知确认体验的发生，是一种下意识体验；第二层次指有特别之处且令人满意的事情，这是体验过程的完成；第三层次把用户体验作为一种经历，作为经历的体验考虑到使用的特定环境，能帮助用户与设计团队之间共享其发现。美国交互设计专家杰西·詹姆斯·加勒特（Jesse James Garrett）认为，用户体验是指产品在现实世界的表现和使用方式，包括用户对品牌特征、信息可用性、功能性、内容性等方面的体验；[①] 美国认知心理学家唐纳德·诺曼将用户体验扩展到用户与产品互动的各个方面，认为为了更好地理解用户的技术体验，还应注意到情感因素的作用，这些包括享受、美学和娱乐。从人的认知过程模型看，诺曼认为人的认知包含三个基本层面：物理、认知和情感。体验是属于情感层面的，诺曼将人的情感体验分为三种不同水平——本能、行为和反思水平。交互过程中获得的用户体验受到用户、产品、社会因素、文化因素和环境的影响，所有这些因素均影响着用户与产品交互过程中的体验。

体验不是孤立的过程，视觉、操作和文化氛围等因素都是体验的组成部分。哔哩哔哩 App 是以动漫和宅文化为主要内容的视频网站，其最吸引用户的操作是观看视频的同时可以添加弹幕评论。界面和视觉上采用了动漫元素，包括小图标

① 邓少灵：《网络营销学教程》，中山大学出版社 2015 年版，第 304-305 页。

和加载时的动效被精心设计为动漫风格，发送的弹幕可以自己选择颜色和位置，用户进入 App 就会被热闹的氛围萦绕。

（二）交互行为的认知模式

用户与产品交互的过程其实是对产品的认知过程，即通过感知、注意、记忆和处理反馈等认知行为获取信息、加工信息、储存信息及使用信息的高级心理过程。用户对交互类产品的认知模式（见图 2-6）：在欣赏产品时，用户通常借助感知系统“感知”其中的色彩、声音等；同时，按照自我诉求及兴趣所趋，“注意”能吸引自己的产品或某一产品中的某一内容；然后进入“记忆”系统，通过以往的记忆、经历、感悟获得深切理解，并产生“情感”变化，再经由“反馈”系统直接与产品产生互动。

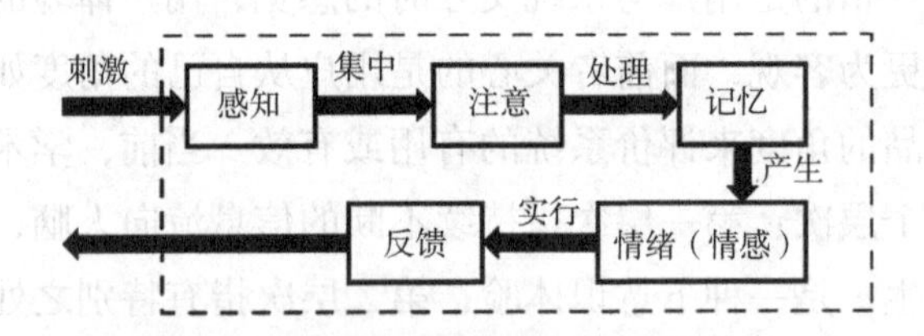

图 2-6　用户对交互类产品的认知模式

1. 刺激感知

人类已置身于网络化的生存空间，数字图像的虚拟现实已经改变了人类对传统视觉语言的习惯，基于人类的感官系统的交互技术，为设计师创作新的形式提供了很好的硬件支撑。用户在欣赏产品时，感知是认知过程的第一步。如当代许多电子产品已突破传统中人类单一的视觉感官体验，尝试用多种感官去刺激用户，由视觉、听觉、触觉、味觉与嗅觉带来感官刺激，创造出各种知觉体验。因此，要促进产品与用户之间的交流与互动，使用户更深刻地领悟产品的理念、内涵和美感并产生对产品的情感共鸣。

（1）视觉感知

视觉系统是人类与外界环境接触和交流所借助得最多的知觉系统，人类大约有 80% 以上的信息是通过视觉系统来获得的。大多产品都需要视觉感官的参与，用户首先是通过眼睛观察，捕捉颜色、形状、大小等信息，经由整个视知觉过程，对产品有初步的视觉审美体验。视觉能够识别的外界特征主要有造型、颜色、大小、远近、明暗和运动方向等。产品设计中若想让易用性达到最大化效果，需考虑采用何种表现形式更容易吸引用户的视线。从点线面的角度来看，块面较大的色块较能吸引人的视线。然而在较为完整的面上，点则会变成视觉焦点。因此视觉元素需综合考虑，对比择优。从版面、色彩、形状和图片内容上影响用户的视线，形成良好的视觉流，有助于使交互体验变得更顺畅。

（2）听觉感知

听觉源于声音的刺激，与视觉是一个整体性的联觉，可以给用户感官上更深层次的体验，没有听觉，许多产品的表达便不完整。一些交互产品中通过特定的声音给用户提供合乎情境的听觉信息，塑造环境感，使其在结构上更加完整，弥补了单一视觉感官的局限性。同时，声音可以增强感染力，恰如其分地感知内涵，让用户在其中产生沉浸感。如游戏《超级玛丽》，其音效已经成为一代人的记忆，吃蘑菇、变大或变小、撞到障碍物等都有特定的音效。当前进的路线顺畅时，熟悉的音效也流畅地依次响起，此时用户心中便会产生畅快感和成就感，而当操作不当时，马里奥死掉时，特定的音效响起，用户便会感觉到沮丧和自责。音效对于这样一款闯关游戏来说，是不可缺少的重要元素。

（3）触觉感知

通过触觉可以传递关于产品的细微信息：或凹凸不平的沧桑，或坚硬冰凉的冷峻，或顺滑细腻的高雅。触觉较视觉更加真实而细腻，不同于视觉那样可以在物体之间自由地移动，而是通过接触感觉目标获得真切的触感。在新技术、新思维的支撑下，设计师在产品的设计中更多地融入触觉感受，产品给用户带来视听享受的时候，产品的触觉设计带给用户特别的感性体验。许多虚拟产品特意去模仿和还原真实世界的触感，以期带给用户更加真实的体验。

（4）味觉感知

在现代产品的五感体验中，味觉的应用是最难和最少的，通常是通过其他感官的刺激来得到味觉体验，如在食品包装中，通过表面的形状、色彩、材质等就可以感受其味道。味觉能够和经验积累、人类深层次的心理活动联系起来，味觉能够激发想象和回忆，表达上更能达到情感的共鸣。味觉判断可以决定一个人是接受还是拒绝此时所处的环境。由数码味觉接口，通过电刺激模拟和热刺激模拟可以让用户体验到酸、咸、苦、辣、甜和薄荷味等多种味道。许多研究机构和企业都纷纷投身到味觉模拟的研发中，可是由于气味的不可控性导致至今为止的味觉模拟设备还都处在实验阶段。

（5）嗅觉感知

嗅觉带来的感受也是独特的，嗅觉体验逐渐得到设计师的关注，将气味信息融入产品中，会为产品增添趣味化的体验，如气味王国的两款产品——“卡扣式气味播放器”和“耳机式气味播放器”填补了嗅觉领域的空白，配合VR眼镜的视听效果，用户可以实现音、画和味的三重享受，播放器可以从气味库的1 300多种气味中同时搭载5～8种不同气味，利用微电子技术达到毫秒级控制，可以配合VR短片、影视游戏等场景，做到所见即所闻。播放器可以配合VR内容，在需要气味的场景里播放相应的气味，VR短片中如果是一片大草地，用户可以通过VR智能气味播放器嗅到草的清香，短片中如果是一片花海，那就可以嗅到花香。

2. 集中注意

注意，即有选择地感知事物，是信息加工过程中的一个阶段，只有被注意到的事物方可进入记忆系统，任何一个心理过程自始至终都离不开注意，正如俄国教育家康士坦丁·德米特利耶维奇·乌申斯基（Konstantin Dmitrievich Ushinski）所说："注意正是那一扇从外部世界进入人的心灵之中的东西所要通过的大门，一切心理活动都离不开注意。"[①] 用户的注意结构图如图2-7所示，用户在体验产品时面对产品中各类内容信息的刺激，会选择性地集中注意于那些主观感兴趣且符合需求的内容，一旦选定了注意的内容，根据个人的主观意愿长时间、持续性地集中注意力于该内容信息，同时能够根据主观意愿把注意力从此内容转移到新的内容信息上。

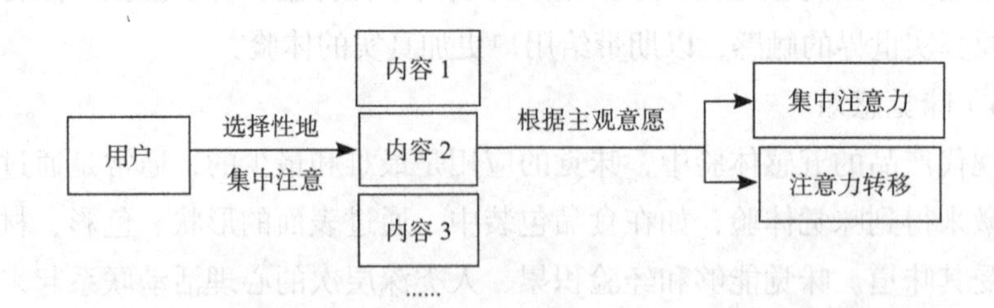

图 2-7　用户的注意结构图

3. 处理记忆

记忆是个体最重要的心理机能之一，人们的个人意识、行为都离不开人们的

① 王振宇：《心理学教程》，人民教育出版社1998年版，第14页。

日常经验，人们能够正确辨别周边的事物，都依赖记忆。用户的记忆结构图如图2-8所示。记忆一般包括感觉记忆、短时记忆、长时记忆。用户熟悉一款产品时也根据需要合理地处理和使用这三种记忆，产品信息先经由用户的感觉记忆，其接受的部分刺激信息不会在短时间内消失，由感觉记忆向短时记忆递进；这些经过选择并通过加工转化来的短时记忆如果不在规定的时间内转化为长时记忆，那么就会逐步被遗忘；长时记忆作为人脑记忆模式的最终环节，信息能在大脑中被长期保存，形成知识，同样也可能转化为短时记忆。通常，在用户与产品互动的过程中，被转化为知识的长时记忆使用得比较广泛，一些习以为常的视觉画面、交互动作等能使用户根据自身的知识经验本能地与产品互动。

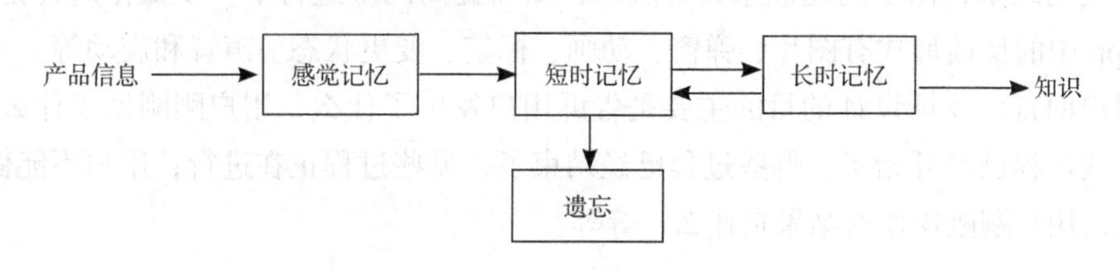

图 2-8　用户的记忆结构图

4. 产生情感

记忆中很重要的一个部分是情感。情绪是人对内心世界的外在表达，一般有喜、怒、哀、乐、愁，人的任何情绪，都是内心情感在"可见"的形式下寻求的表达。以"交互"为情感枢纽，用户不再是被动地接收信息，而是将自己投入其中，将基于自身的经历、感悟、心境和情绪产生的快乐、悲哀、愤怒和恐惧等情感反应通过与产品的互动加以传达。设计师和用户的情感交流过程如图2-9所示。

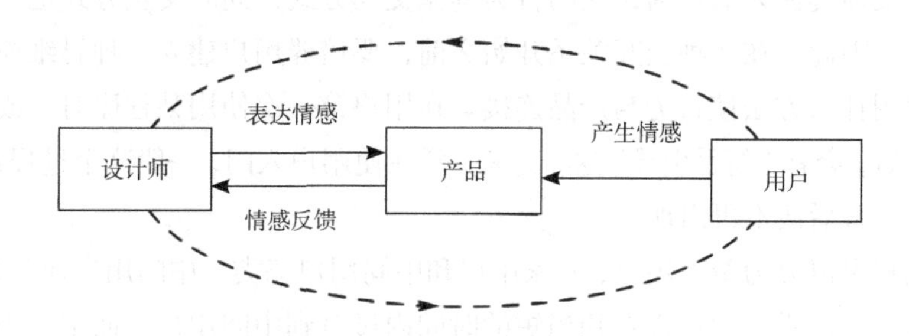

图 2-9　设计师和用户的情感交流过程

5. 实时反馈

反馈是将处理后的信息传回给指令输出者的过程，让用户知道自己行为的结果。当使用者执行某项操作时，反馈可以帮助其了解这个操作是否执行完成或尚未执行。产品中加入反馈环节才使其具备交互性，用户把自己对产品的解读反馈给产品，与产品产生互动，进而实现设计师和用户之间的情感交流。例如，用户通过身体的动作、手势的变动、眼睛的凝视或声音传达某项信息或者要求时，产品能够依照其所需提供适合的信息回应。在产品交互设计中，适当运用提示性的操作反馈可以优化用户体验，提高产品转化率，即让用户有心理预期，能确定自己的操作是否被执行。如操作是否被撤销，执行后会产生哪些影响，在哪里可以查询结果，出了问题该怎么解决等，从而提高用户进行下一步操作的转化率。App 中的反馈形式有图片、弹窗、动画、标签、变更状态、声音和震动等。对于用户而言，反馈设计的目的主要是告诉用户发生了什么，用户刚刚做了什么事；哪些过程已经开始了，哪些过程已经结束了，哪些过程正在进行；用户不能做什么，用户刚刚操作的结果是什么；等等。

（三）交互行为的引导

在人机交互过程中，有“人对机的操作”和“机给人的反馈”两个重要过程。有时反馈是在操作结束之后，给予用户是否成功的表示；有时操作与反馈是同时的，即用户在操作时界面显示会发生实时变化，同样也能让用户明白操作是否成功。好的交互方式能让用户及时明白操作顺序和操作是否成功，能让用户及时调整自己的行为，用最快捷的方式达到需要的目标。交互的行为，是可以通过视觉元素、交互形式等去引导的。交互过程中有三个要素，即人、机、交互方式，其中机的反馈遵循人的行为，人的行为遵循交互方式，同时交互方式也可以引导人的行为。因此，在一种交互关系开始之前，要培养用户建立一种思维模式，即引导用户用什么方法使行为与产品连接。在用户第一次使用某程序时，或程序升级更新之后，会有“新手引导”这个过程，意在使用户入门，一般这个过程只有一次，当用户了解后便不再出现。

用户可以分为新手用户、专家用户和中间用户三类。中间用户通常数量最多，范围最广，新手用户可以在相当短的时间内过渡到中间用户，而中间用户通常持续的时间较久，且难以成为专家用户。新手用户的变化很快，新手用户和专家用户随着时间推移都会成为中间用户，虽然用户会在一段时间内以新手的形式存在，但往往不会长期停留在这个状态，因为初期的学习和提高是容易且效果显著的，新手用户会很快成为中间用户。那些不能完成操作的用户会很快放弃，剩下的会从初学者变为熟练使用的用户，而只有极少数用户会成为高手。对新手用户的引导，许多电子产品都有新手引导页，就像传统产品的使用说明书一样，用简单的箭头和标识来告诉用户第一步怎么做、第二步怎么做等，从而一步一步地熟练使用产品。习惯的培养需要经常操作，当用户已经掌握了使用技巧并且可以自如地运用的时候，他们就从新手用户转向中间用户了。

二、交互形式

交互形式是用户、物体和环境之间信息互通的方式。交互形式决定了物体的使用方式，以及用户以何种方式、途径与物体发生信息交流，而这个信息交流的过程即用户在使用产品时的认知过程，即通过感知、注意、记忆、情绪和反馈等认知行为获取信息、加工信息、储存信息及使用信息的认知过程。交互形式形态各异，可分为媒介层面的交互形式和认知层面的交互形式，二者往往有所交叉。在媒介层面上，媒介关系的不同造就了不同的交互形式，如数码影像交互、网络媒体交互、手机媒体交互、互动装置交互、虚拟仿真交互、电子游戏交互、人工智能交互等交互形式。在认知层面上，基于用户的感官体验，有视觉感知、听觉感知、嗅觉感知、味觉感知、触觉感知等交互形式。

（一）媒介下的交互形式

1. 网络平台媒介

网络媒体是通过互联网传播和交流信息的工具和载体，网络信息时刻以惊人的速度更新，同时用户也在时时关注和获取感兴趣的信息。用户在浏览网络时会把大部分注意力放在当前期望目标上，只有在遇到与期待不符的阻碍时，才会下意识地去注意网络信息交互的性能，当导航混乱或页面加载过大时，用户会不知所措、焦急甚至离开。美国网络服务设计大师杰西·詹姆斯·加勒特（Jesse James Garrett）提出网络服务设计过程模型（见图 2-10），该模型从战略层、范围层、架构层、框架层、表现层等五个层面，梳理了网络设计过程中各环节所涉及的用户、商业、技术三者之间互动的复杂关系，特别强调了网络服务要注重用户交互式的体验。网络媒体通过网站页面、网络动画和网络信息的互动来满足甚至超越用户预期，减少信息获取的阻碍，提供更好的互动体验。

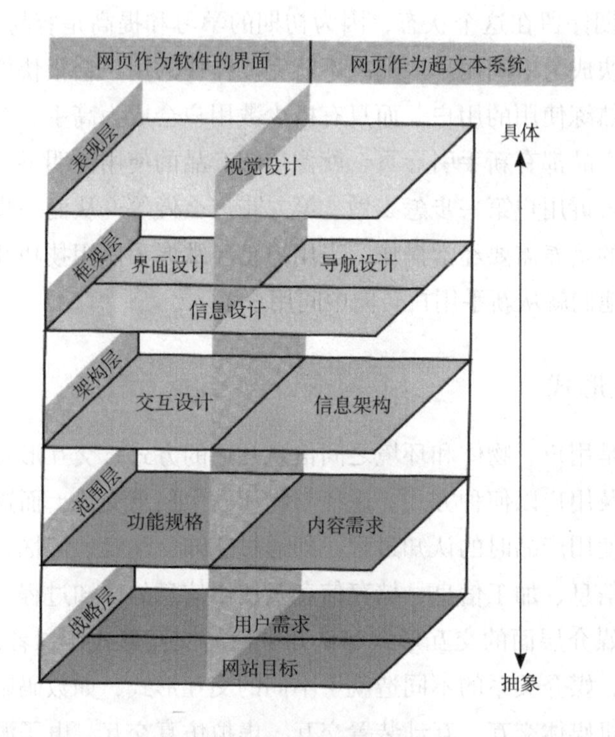

图 2-10 网络服务设计过程模型

网站页面是基于网络信息空间和体系结构的，具有信息传达、沟通交流和反馈互动的人机接口，是以用户为中心构建用户、信息内容和信息组织三者之间交互关系的信息生态系统，解决用户、商业和技术三者之间互动的复杂关系，强调注重用户的浏览体验。

网络动画是网络环境下信息交流与互动的重要媒介，动画是静态视觉图像的连续运动，是通过播放一系列连续画面而形成的视觉映像，因其直观、信息含量大且感染力强而被广泛应用于互联网，成为网站页面构成的重要组成部分，使页面生动有活力，达到引起关注、引导浏览和实现交互的目的。网页动画与传统动画最大的区别在于其交互性，交互式网页动画具有数据量小、表现力强、形式多样和交互性等特点，其运动原理与动画相似，在呈现上不拘于技术的前卫与否，是视觉、听觉和情境的营建，设计过程是将形态、色彩和声音等媒体信息进行整合的过程。例如，某公司网站的片头动画设计，动画从文化角度采用六个镜头，也就是六张图片来表达“唐韵”。图片中的元素以不同的运动形式出现，从“唐”字到摇晃出现的马车到系列化的唐元素，最后点题“盛唐”网站主题，用多镜头视觉丰富地表达了网站的内涵和韵味，再配以音乐，使动画表现具有动感，当动画定格时，用户可以通过其设定的按钮与之互动。

2. 移动终端媒介

移动终端媒介包括手机、平板电脑和移动电视等。

手机最开始只是作为通信工具，但随着科技的革新，手机逐渐囊括了更多的功能诉求，不仅作为联络设备，更作为身份标识、钱包、娱乐等必备品而存在，消弭了人们的尴尬、孤独、无助等负面情绪，增加了依赖感和满足感等，成为这个时代典型的媒体形式之一，通过交互活动与使用者的意识形态统一，推动这一掌上媒介形式的发展。手机是手机媒介的载体，内部的移动互联体系和互动思维才是交互的核心，其交互从机械式地按照指令工作，到理解反馈信息，到能够与用户对话，再到能预测用户的下一步操作，从而推荐最合适的路线。互动的最高境界不是用户操纵手机，而是用户与信息能进行交流与反馈。手机媒介交互依附硬件和软件的交互形式，基于硬件的交互形式有翻盖、按键、触屏、手势操控、语音控制等。

3. 人工智能媒介

人工智能交互是通过人工智能技术实现的交互形式。人工智能（AI）是研究用于模拟和延伸人类智能的理论、方法、技术及应用系统的一门新技术科学，综合了计算机科学、认知心理学、社会学、艺术学等多种学科。交互是科技与艺术跨界合作的产物，自诞生之日起就与最前沿的信息技术紧密交织在一起，人们在不断探索人类自然语言与先进智能机器的互动交流。当科学家在 0 和 1 的世界不断解构探索人与机器的关系时，交互设计师也会从中获益并激发创造力和灵感，进而推动交互进入更高境界。交互的核心是实现人与媒介的高度融合，人工智能作为人改造世界的手段，时刻与人类发生着交互的行为，设计师通过人工智能技术不断探索人与媒介高度智能化的交互行为。例如，谷歌眼镜是一款穿戴式智能眼镜，集智能手机、GPS、相机于一体，具有实时信息展现、拍照上传、短信收发、天气与路况查询等功能，无须动手便可上网冲浪或处理文字信息和电子邮件，可以用自己的声音控制拍照、视频通话和辨明方向。

（二）不同认知下的交互形式

产品中的交互形式是指设计师、用户、产品和环境之间信息互通的方式。交互形式决定了产品以何种方式呈现主题，以及用户以何种方式、途径与产品发生信息交流，而这个信息交流的过程为用户在欣赏产品时的审美认知过程，即通过感知、注意、记忆、情绪和反馈等认知行为获取信息、加工信息、储存信息及使用信息的认知模式。因此，产品中交互形式直接体现用户对产品的认知模式，决定了设计师的理念、创作内涵和情感是否能够顺畅地传递给用户。不同的交互形式带给用户不同的认知心理和认知行为，与产品目标用户的认知心理和行为习惯相贴切的交互形式，会带给用户更好的认知效果，可提高用户在产品中获取信息的准确性与效率。

美国认知心理学家唐纳德·诺曼曾指出任何事物都有三种心理模式：第一种是设计师的意象，可以称之为“设计师模式”；第二种是使用这件产品的使用者（用户）对此产品的意象，以及操作这件产品时给使用者的意象，可以称之为“使用者模式”；第三种是设计师根据其心中的设计模式去设计出可操作并产生功能的系统，可以称之为“系统意象”（见图 2-11）。在理想的环境中，设计师的概念模式和使用者的心理模式是一样的，而要做到如此，需要设计师在设计前对使用该产品的目标用户进行分析，分析其认知心理和行为习惯。与目标用户的认知越相符，两种模式的一致性越高，使用者才能更好地使用产品。

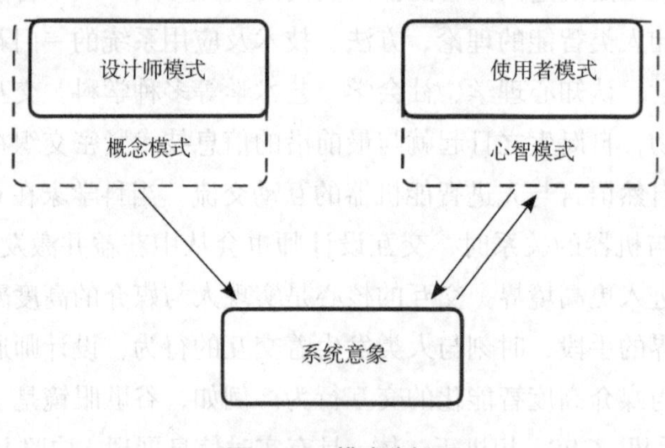

图 2-11　模式分析

在创作中同样如此，设计师必须确定所创作的交互形式，符合用户的“认知模式”，与用户认知相符，方能通过产品让用户适当地感知、注意和操作，产生流畅互动。通过对具体案例实地观察，得出不同交互形式能带给用户不同的认知心理和行为的结论，若交互形式不具备吸引力、感染力，与用户的认知有“鸿沟”，就会造成设计师和用户之间信息互通受阻，情感无法融入，影响用户的审美认知过程。因此，设计师需深入了解目标用户的认知心理和行为习惯，创作出符合用户认知的交互形式。由此可见，用户的认知是影响产品交互形式的重要因素。

1. 多种感官下的交互形式

设计师仅通过产品的造型语言、色彩、图片、文字和声音等来传达思想，用户仅能通过视觉或听觉等单一感官去感知产品，不利于用户对产品内涵的理解。相较于单一感官，增加多感官刺激，如更多样化的色彩、声音、触觉等刺激，可以增加产品的吸引力及用户的注意力和参与度，进而更好地传达信息，使用户对产品有更好的认知效果。通常，在产品的交互中，多种感官共同参与更易于让用户处于自然交互状态，且符合其基本的认知。因此，设计师在创作中利用新媒介、新技术、新设备、新方式通过视觉、听觉、触觉等多种感官的刺激，呈现多感官的交互，为用户创造出多通道、全面立体的感官体验。例如，由西班牙巴塞罗那的庞培法布拉大学塞尔吉·乔达（Serge Jorda）博士创作的"Reac Table"，桌子上呈现不同形状、颜色和图案的块状实体，分别代表电子乐器的一些基本模组，由不同模组的联结与每个模组数值的改变，可以演奏出多样与动态的电子音乐，用户可以在音乐桌旁集体参与演奏，这时装置会变换不同的视觉效果，发出不同的声音，视觉和听觉的交互让用户凭直觉去参与互动。

2. 虚实沉浸下的交互形式

模拟现实是一种用户和产品自然交互的状态，与通过鼠标和键盘交互的方式相比，这种仿真的交互形式能够更加直接地表达观念和情感。虚实交互带给用户的感受，使得产品的感染力更加浓厚。用户在虚实情境中的体验与现实世界的体验基本一致，虚拟的一切与现实生活中一样，甚至更加真实，使用户沉浸于虚拟的情境当中，进而提升设计的情感表达。

3. 多维时空下的交互形式

在多种媒体的多向沟通中，用户可以根据自己的意愿来控制体验过程，完全参与到互动过程当中，交互过程在时间和空间内同时展开，产品不再是静止的存在，而是一个正在进行的事件，时间和空间的延伸与扩展，为用户创造出一种新型的多维时空的交互体验。以时空来构建主题，通过时间的并置、空间的混叠，使产品与用户的交互过程更加贴合用户的基本认知。

4. 多元体验下的交互形式

交互的意义不仅在于其表象性地融入了众多的科技手段，更重要的是在新的时代背景下，满足了人们想要参与活动及产品创作的欲望。在整个交互活动中，不仅包含设计师与产品、用户与产品、设计师与用户之间的互动，还包含产品与空间环境、产品与产品之间的互动，呈现多元体验的交互模式。这种互动模式以更直接、更快捷的形式去适应用户，而不是让用户去适应产品，从而最大化地降低用户的认知负荷，让用户获得一种流畅的交互体验。

第三章　创意交互设计的语言

有效的人际互动是建立在语言和非语言互动的综合沟通中的，因此本章介绍了创意交互设计的语言，详细阐述了创意交互设计的本体语言、创意交互设计的模式、创意交互体验设计三部分内容。

第一节　创意交互设计的本体语言

本节介绍的创意交互设计的本体语言，即人们如何使用设计语言构建人与交互产品的互动交流，以及设计语言如何决定人们的行为方式。

一、创意交互设计语言的定义

人机交互是一种以计算机为媒介的交流活动，本质上属于社会交际。它与人类传统的使用声音和文字进行交流的方式不同，因为数字媒介没有物质形态，可以很容易地转换成任意数量的不同表现格式。数字媒介的多样性是人类与计算机通信的重要资源。从本质上讲，作为一种交流媒介，数字媒介和语言起到了一样的作用，是沟通的工具和资源。通过它，用户可以将要传达的内容和信息意义相关联。从这个角度出发，人与交互对象的所有组成部分，如文本、图像、声音、时间、空间及人类活动，都可以按照语言的结构组织在一个交流系统下。一个定义良好的交互设计语言架构可以有效地帮助设计师根据交互设计的概念在语义上勾画出整个交互设计内容、范围和过程。

根据对人类交流模型的研究，典型的交互过程可分为两个阶段：第一阶段，设计师创建原始的交互设计概念，生成具有特定含义的交互内容，由特定的界面布局和交互模式构成实际交互产物；第二阶段，用户需要通过界面和导航系统来接收信息。交互的质量取决于用户的视角和交互产品的性能。著名的交互设计畅销书籍作者阿兰・古柏指出，设计师的概念模型与用户的心理认知模型越相配，用户越容易操纵产品，越能理解交互的意义，从而有效地与计算机协作。交互的不同阶段如图 3-1 所示。

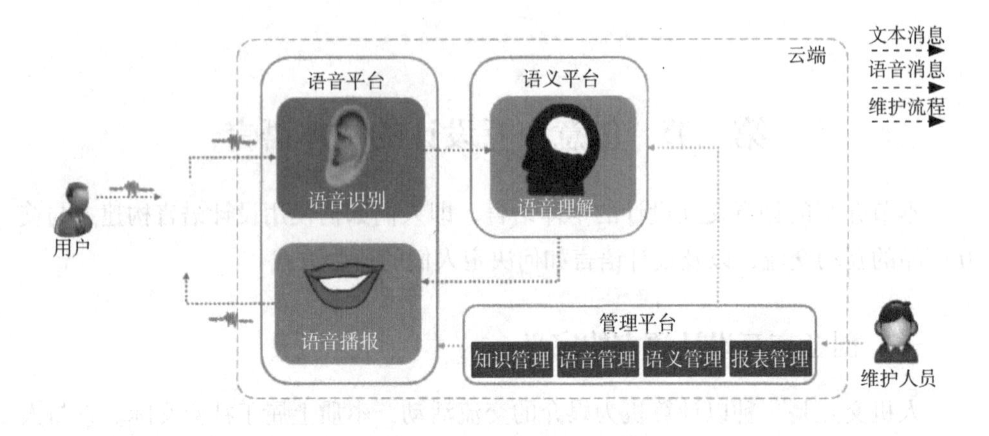

图 3–1　交互的不同阶段

语言是最重要的沟通方式，因为语言帮助人们处理信息并与他人分享，并指导他们的行为。有学者将人们日常的语言交际定义为一种理性的、合作性的活动，可以帮助交际参与者进行有效的沟通与合作。参与交际活动的人在交流中扮演着不同角色，这些角色进一步决定了他们的交际活动。换句话说，会话参与者的行为是有意的、有目的的、有意控制的。

二、创意交互设计语言的构建

从一种交互语言设计的视角来看，设计师运用这种语言可以设计的交互内容不仅包含产品功能及可用性，而且能回应用户不断变化的思维和体验的交互模式，来增强用户的注意力和行动的协调性。基于以上观点，下面具体介绍如何在交互情境中建立一种共同的语言，以支持更有效的人与交互对象的对话。

构建交互设计语言的一个主要挑战是如何使人机交互语言能够支持不同用户与计算机之间的相互交流。正如埃里克森（Erickson）建议的，设计师需要将不同交互模式的问题及解决方案整合在一起，以帮助用户将解决方案作为一个连贯的整体进行评价。同时，亚历山大（Alexander）指出，设计实际是由语言形成的。这种语言应该从用户的角度表现交互序列，并且可以用来表达用户的信念和期望，进而必须被设计人员和终端用户识别和使用。在交互设计的创意中，如何构建一个交互体系是首先要解决的问题。例如，人与交互作品之间的交互也是由不同的语言生成的。从技术角度看，各种编程语言（如 C、C++、Java）和模式语言（如交互模式语言、统一建模语言）用于生成多种交互方式。从人类交流的角度来看，自然语言（如英语、法语等）和界面设计模式语言用于支持更人性化的交互设计。在人机交互设计实践中，交互设计语言是整合不同语言的一个交互设计体系。交互设计语言包括各种编程语言、模式语言及自然语言。同时，交互设计语言是一种用户导向型的，能够根据用户的需求和期望来帮助用户形成个性化表达的交流工具。

交互设计语言的主要组成部分包括交互语汇、交互语法和交互语义。其中，交互语汇包括构成人机交互的基本要素，如文本、图像、声音、电影、动画、人的交互行为等。交互语法是设计师将人与交互作品交互的各种基本组成部分结合起来，表达出设计师理解和意图的特定交互概念的一种形式。交互语义是参与者在特定领域自定义的用于帮助建立个性化的交互模式。创造一种特定领域的目的是使交互的参与者能够在物理层、认知层和情感层上积极地参与交互产品的持续发展。例如，通过这种做法，终端用户能够根据他们的视角和经验自定义交互产品，以便更好地适应他们的需求。换句话说，当允许用户表达和实践他们特定的交互语义时，他们就能够建立其个性化的交互模式。

创建一个特定领域的交互设计语言的三个步骤如下。

①识别交互语汇。

②创造交互语法（交互作品）。

③实现参与者的交互语义（个性化交互）。

三、创意交互设计语言的应用

交互设计语言的首要原则是建立面向参与者的交互系统。因此，它改变了以往交互内容主要基于设计师的设计概念或以产品为中心的设计模式而不是面向终端用户的情况。在传统的设计模式下，构建交互模式首先基于设计师的理解和设计概念。克劳斯·克里彭多夫（Klaus Krippendorff）指出，设计师的理解是一种二阶理解，与用户自己的理解是不同的。设计师的目标是构建语义交互概念，将设计师的交互概念正确地传递给终端用户。此外，交互概念可以有效地影响用户的交互体验，并允许用户使用特定的交互领域术语来改变交互模式从而进行个性化交互。因此，用户不仅可以使用预定义的交互模式体验特定情境的交互内容，还可以根据对所提供的交互作品、交互情境的认识和体验，基于个性化交互模式来指定情境，从而表达用户个人的交互概念。

第二节　创意交互设计的模式

创意交互设计的核心是构建个性化的交互模式。以往传统交互设计师的主要任务集中在设置可测量的可用性规范和评估各种用户的交互需求设计上。而对创意交互设计而言，更重要的是为参与者提供丰富的体验模式。因此，创意交互设计并没有随着初始交互界面和交互模型的产生而结束，而是根据互动对象的需求不断改变，并在互动对象反馈的基础上得到进一步发展。

进一步分析，创意交互设计是建立在人类语言体系结构下的，创意交互设计语言体系结构以不同的呈现方式和交互模式向参与者提供合理和恰当的反应，包括视觉、触觉、听觉等不同类型的反应。更重要的是，创意交互作品可以实现参与者的交互概念。特别地，参与者（用户和设计师）可以通过选择合适的界面和交互模型来执行他们的交互理念。交互理念是由定义良好的基于领域知识的特定领域术语组织起来的，使用户能够非常容易阐明和修改交互作品、情境的交互语义，通过创意交互作品来生成各种特定的交互含义。

创意交互设计师有必要成为交互行为学家、语言学家、作家和诗人，因为他们要努力创造符合情境的对话，科学探索语言是如何被互动塑造的，以及交互实践是如何通过特定语言塑造的。从这个角度看，创意交互设计把语言看成社会符号学事件中的一种持续的或突现的产物，而语言则是在这个事件中为实现目标或任务提供的系统化规范。假定基于语言系统所整合的交互元素被合理、有意义地组合起来，互动的参与者和交互对象可以顺畅地开展不同层次的交互活动。

有人提出一种创意交互设计语言模式来构建面向参与者的个性化交互。它的目的是通过一种有效、合理的方式支持并扩展参与者的活动来优化人和交互作品之间的交互。构建特定领域使每个参与者都能进行推断和预测，理解和解释交互现象，决定执行什么操作并控制其表现。总体来说，创意交互设计语言模式的目的有以下两个。

第一，为交互设计师提供了一个交互设计语言系统（见图 3-2），以支持设计师创建对目标参与者有意义的交互产品。该系统帮助设计师将他们的设计理念转化为一种特别的交互语义形式，从而形成一种特殊的交互产物，这个产物是由不同的界面和合理的交互模式组成的。

第二，为参与者提供了一种根据参与者自己的想法使用语言进行交互并调整交互模式的方法。也就是说，交互是个性化的，是通过语言模式交互来表达参与者的交互语义并最终构建具有个性化界面和特性的交互作品。

因此，创意交互设计语言模式的两个核心任务是定义特定领域的交互概念和构建特定领域的交互语言。通过该特定领域的交互语言，参与者可以不断地将自己的抽象交互概念转化为具体的交互产物，完成不同的交互体验（见图 3-2）。

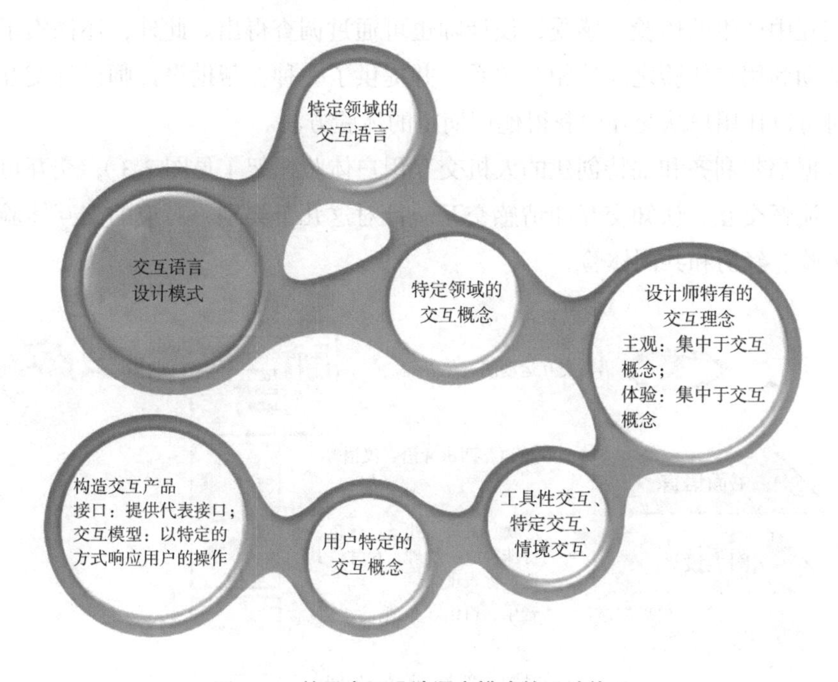

图 3–2　基于交互设计语言模式的设计体系

第三节　创意交互体验设计

交互体验设计的内容是用户与交互产品在各类交互情景中的互动过程的结果。而交互设计更多的是探索如何将人类的认知系统和产品性能整合到一个有意义的交互产品中，从而对用户的交互体验及感受产生直接影响。这意味着适当的交互系统必须与用户的个人目标和需求相匹配，并根据用户目标和需求不断地进行改进，以便自然、顺畅地完成用户特定的任务。

研究表明，构建有意义的人机交互模式会产生令人满意的用户体验，因此需要交互方式尽可能与日常交流的方式相同。这种交流应遵循人际互动的原则，主要体现在两个方面：支持不同层次的沟通和引导用户获得预期的情感体验。

为了有效地分析不同的交互框架和它们的相关经验，本书参考了福尔利齐（Forlizzi）和福特（Ford）创建的用户体验框架模型。这个框架全面、系统地描述了用户与产品的交互活动及体验感受。当前的交互风格（包括交互工具和交互实体）在后续内容中将按上述的框架进行分类。通过这种分类，不同用户在上述人机交互中产生的体验、感受，设计师也可通过调查得出。此外，还探索了用户交互活动和用户体验之间的相互关系，并提供了一种在帮助设计师设计交互产品的同时可以让用户从交互中获得他们期望的体验方法。

根据福尔利齐和福特创建的人机交互用户体验框架（见图 3-3），交互可分为三类：流畅交互、认知交互和情感交互。针对这几个类别，对应的交互体验也可分为体验、经历和共同体验。

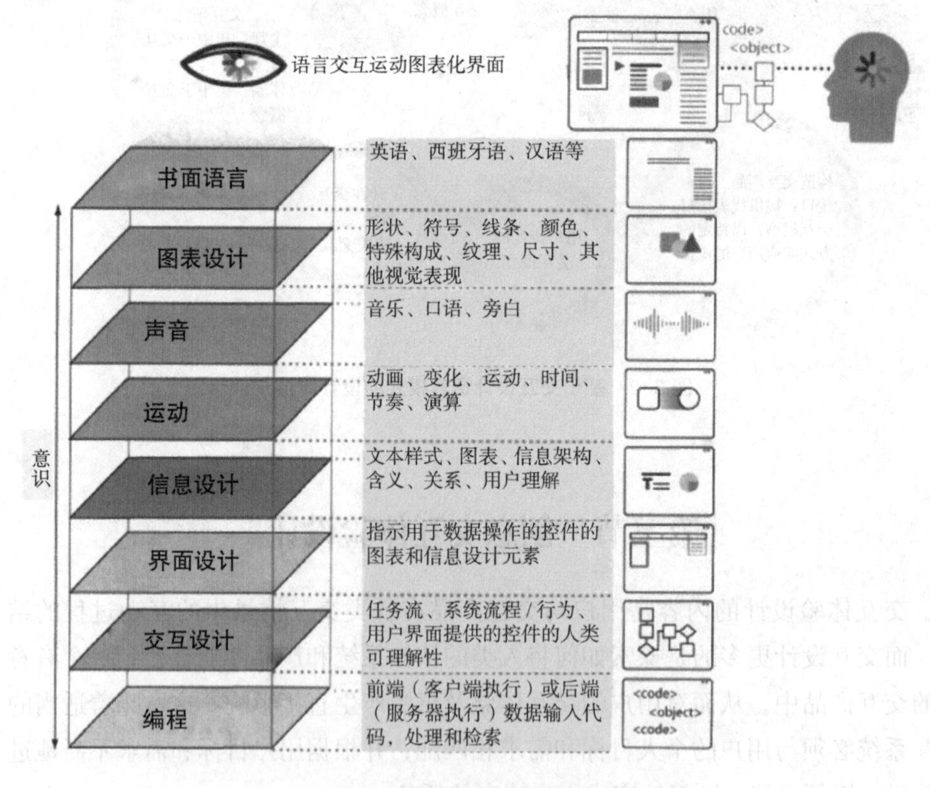

图 3-3 人机交互用户体验框架

一、流畅交互体验

根据福尔利齐和福特对人机交互用户体验框架的概述，当交互是“流畅互动类型”时，交互产品不仅是为了吸引人们的注意力，还可以将人们的注意力集中在特定的交互行为和其结果上。这种互动主要集中在特定的人类活动上，如直接操作和工具互动。它的一个重要特征是它为线性的。一般来说，线性交互被主循环分割成独立的块。有学者认为，这种人机交互，如打字、单击和拖动，都不是有意义的交互活动，仅仅是一种行为，就像人们经过自动门时自动门会自动打开一样。

进行交互的顺序遵循一个逻辑流程，用户需要遵循这个逻辑流程才能有效地完成任务。例如，通过触摸接口来控制对象运作。乌斯曼·哈克认为，现有的人机交互由输入和输出组成传递函数设定，而在交互活动中，交互的结果应该是动态的、理性的。具体来说，在动态交互活动中，输入影响输出的精确方式可以由终端用户进行更改。这是在进行与界面展示（小部件如何显示）、互动行为（它如何回应用户输入的信息）和应用程序接口（它如何发出状态更改的信号及应用程序更改状态的操作）等各个维度的互动。因此，交互在用户与特定交互产品的直接交互任务中运作效果良好，但在复杂交互任务中的效果不佳。

用户体验是人们有意识地不断进行“自我对话”的一部分，是根据产品的可用性制定的（见表 3-1）。用户的个人特征对用户交互体验的质量有显著影响，然而用户的个人特征并未被考虑在内。

表 3-1　流畅交互与用户体验

用户 - 产品交互模型	交互模型的关键特性	用户交互体验	示例
流畅交互	固定输入和输出，以及标准接口	可用性经验	工具交互，如单击“下一页”按钮

二、认知交互体验

认知交互可以产生知识，但如果产品与用户之前产生的交互体验感受不匹配，会导致人与交互产品的互动出现问题。内嵌式交互属于这种类型的交互。通常，设计人员的组合交互系统可为用户提供不同情景下的分支决策点。

由认知交互模型生成的交互模式能够为用户提供一个更有用的抽象级别，可以帮助用户理解他们与计算机的交互活动。认知交互模型是设计师通过构建互动者的认知模型和定义交互系统从而完成的一系列交互模型。换句话说，交互设计师在推理认知过程中得到并产生某些东西的基础上开始进行交互设计。因此，设计师可以使用适当的设计迭代方案，运用分析方法发现相关的设计问题，了解用户真实的交互需求和交互情景。与此同时，认知交互模型相较于流畅交互模型，具有更全面的设计元素，因为它试图通过减少人机交互中不匹配的观点去解决一些常见的交互问题，从而提高用户的交互满意度。如上所述，以人为中心的交互设计方法试图根据不同用户完成任务的方式和用户的反馈来调整设计决策。

然而，这种类型的交互模型只能满足用户在一定层次和场景中的交互需求。一方面，如果设计师在开始设计时从工作实践的细节考虑，将更容易设计出与人的行为和技术使用方式相匹配的系统。这样做的好处是可以设计出更适合说明和解决以人机交互为核心的问题的工作系统。

另一方面，认知交互模型的范围往往过于广泛，设计师需要花费很多时间来建立一个更完整的交互认知模型，然后使用一个单独的系统模型来进行测试。在设计师分析理解的基础上，认知交互模型试图包含尽可能多的用户模型信息。设计师理解的结果将决定如何绘制各种接口，如 GUI、文本用户界面（TUI），以及如何进行交互活动，如多模态（multimodal）。

认知交互模型的一个例子是语义用户界面，它包含通过研究用户而获知的具有特定语义的内容片段。这些知识用于在使用应用程序的同时生成用户心理状态的各种模型。语义是执行者根据在系统分析和设计过程中获得的应用领域信息编写成的程序组件和数据结构。因此，认知交互基本被视为用户心理模型与应用程序中包含的领域知识之间表达的映射。目前，这种映射通过硬编码来实现，包括使用特定于应用程序的关联事件来处理程序这种相对简单的协议，是应用于用户界面、应用程序及系统组件之间的。这一特性被称为用户界面和底层应用程序层之间的强语义交互（见表 3-2）。

表 3–2　认知交互与用户体验

用户 - 产品交互模型	交互模型的关键特性	用户交互体验	示例
认知交互	适应性强，接口和会话交互	一种操作体验（参与）	使用 Microsoft Word 或绘图系统完成特定的任务

对构建一个完整且合适的交互产品来说，最大的挑战是如何设计一个能够自适应的界面，这迫使设计师必须处理好定制化交互产品与用户之间的“鸿沟”。定制化的鸿沟表现为界面和应用程序功能之间的不匹配程度，即系统没有反映系统用户的定制需求。有学者还指出，要创建一个协作系统，需要的是一种将重点建立在定制化上的方式和方法，而不是另一种将重点放在固定的交互行为控制系统上，尤其是呆板的结构与范式。他强调系统开发，用户可以通过适应这些系统去满足他们自身的需求，而不是被某种交互形式约束他们执行工作的某种模型。

另外，认知交互的另一个挑战是，当前的用户建模大多建立在描述性理论的基础上，设计师很难将其运用于实践中完成相关的设计工作。例如，人类学方法不能为设计师提供一个全面的设计框架，特定用户的心理模型又不够稳定可靠，所以无法创造出全面的交互产品。

因此，认知交互模型在特定的交互情境下对某些用户非常有效，但对其他用户来说可能效果较差，因为不同的用户对同一件物品有不同的认知能力和反应。正如人们所看到的，认知交互模型通常集中于设计一个明确的交互框架，如创建界面和指定交互模型，而不是提供一个用户和计算机的协作媒体。在很多情况下，设计师更注重把交互的方式与用户当前的能力相匹配。因为人类的个体发展及自身各方面的问题并没有得到充分的解决，所以笔者认为根据个人情境创建有效交互的最佳方法是允许用户形成与计算机个性化的交互关系。因此，为了能创造有效的交互产品，交互设计人员在构思及设计的过程中必须考虑到用户具体的、独特的认知模型和特征。

三、情感交互体验

情感交互是帮助用户与产品或产品的某些方面形成情感关系的交互方式。

在许多情况下，设计人员更注重把交互方式与用户当前的能力相匹配。这一概念在之前提到的认知交互模型设计方法中进行了强调。虽然交互透视图设计方法没有完全解决人的个体发展和反思问题，但就个体情境而言，创造有效交互过程的最佳方法是允许用户建立并塑造自己与计算机之间的交互关系，所以在设计交互产品的过程中必须考虑到用户的个人特征。

通过情感交互（见表 3-3），用户可能会始终如一地将他们的意图和情感传达给一个交互产品，并能接收到适当的反馈信息。因此，个性化交互是从表现力的交互和语义用户界面派生出来的。

表 3–3　情感交互与用户体验

用户－产品交互模型	交互模型的关键特性	用户交互体验	示例
情感交互	个性化的互动模式和语义的用户界面	共同的情感体验	以个人的方式操作系统

第四章　交互系统的设计

在设计产品交互系统的过程中，需要产品经理、交互设计师、视觉设计师和程序员共同合作，只有这样才能完美实现产品的每一个功能。本章介绍了交互系统的设计，包括可用性设计、界面设计、原型设计三部分内容。

第一节 可用性设计

一、衡量系统可用性的维度

（一）系统的有效性

系统的有效性是指用户的交互行为得到系统的有效反馈，即系统以适当的方式组织其功能和信息内容，帮助用户顺利完成任务。系统的有效性主要体现在系统的响应度层面和用户的系统控制感。

（二）系统的效率

系统的效率是指用户为完成特定任务，在与某产品或系统交互过程中所花费的资源，如所需时间、用户点击操作次数，以及在其他方面付出的努力等。

（三）易学性

系统的易学性，又称系统的可预测性指系统的设计符合用户的心智模型和既有经验，使用户易于学习和深入探索。

（四）容错性

系统的容错性指系统一方面要避免用户做出错误的交互操作，同时也要能够包容用户操作中所犯的错误，帮助用户从错误中恢复，而不会造成不可挽回的后果。

（五）系统的吸引力

系统的吸引力是指产品交互过程的体验是否能使用户愉悦或满意。

二、系统的可用性设计

（一）增强系统设计的有效性

系统的有效性取决于用户是否能完成预期目标，反映在设计层面，主要体现为以下层面：一是系统的反馈（响应度）；二是提高控制性。

1. 关于系统响应度的设计

响应度，是指用户能够得到系统反馈的及时程度，包括反应时间和反应结果，是用户操作过程中感知系统是否有效的重要衡量指标。响应度是以服从用户在时间上的要求及用户满意度来衡量的。

只要有产品和操作，就会有系统的反馈，有等待操作结果的过程，因此系统的响应度问题贯穿用户与系统交互的整个过程，对用户的使用体验有重要影响。

显然用户都期望自己的操作能够得到快速、符合预期的响应，以证明系统有效、操作有效，即期望响应度高的系统，而系统的响应度既跟系统的性能有关，又不完全有关。

（1）与系统性能有关的响应度

与系统性能有关的响应度是指系统对使用者的操作行为给予反应的实际速度，是由系统单位时间里的计算速度来决定的。如果快而稳定，意味着系统的效率高、反应度高，如果慢而不稳定即为系统的效率低、反应度低。例如，用户要打开一个链接，该页面是否能迅速打开，或者要求系统渲染一张效果图时图片渲染所花费的时间。这一层面的响应度多是由系统硬件或网络速度决定的。

网络的效率在近年来有了迅猛的发展，如今在网络上下载一部视频作品或电影，一般只需要十几分钟或更短的时间，而数年前，则需要几个小时、十几个小时，有时甚至因为网速较慢，难以完成下载。硬件设施的发展是系统提高响应速度、减少用户等待时间的基础条件。这一层面的响应度可以通过加大投入，改善软硬件配置和网络速度等来缩短等待时间，从而提高响应度。

Facebook 一位工程师曾公开分享过一段真实经历。Facebook 在 2012 年曾经派出包括一批产品经理和工程师的队伍去往非洲，工作人员带着低端 Android 手机等设备，考察在当地使用 Facebook 的情况。他们发现在当地使用低端 Android 手机登录 Facebook 客户端时，由于当地网络质量低下，加上硬件性能限制，资料载入得很慢，客户端也常常停止运作。工程师于是对 Android 版 Facebook 客户端的运行进行了诸多改进策略，例如将图片格式转为谷歌的 WebP，相对 JPEG，下载 WebP 时所用的数据量少了 25%～30%，相对 PNG 更是减少了 80%。工程师同时改进 Facebook 客户端，使其能针对设备的屏幕分辨率来下载对应版本的图片，而不是一味地原图下载，当要放大图片时才会下载高分辨率版本。这一系列改进，现在已经帮助 Facebook 将其 Android 版客户端运行所需空间大小减去 65% 之多，速度得到了很大的提升。

这是与硬件配置和网络速度有关的低响应度事件，但解决和改善的方式是改进软件。

（2）与系统性能不直接相关的响应度

与此同时，还有一种情况：响应度高的系统在人们的主观体验中并不一定是高性能的，反之亦然。例如，当在餐馆按下呼叫服务员的按铃，一种情况是服务员应声而至，这是与系统性能直接相关的响应度。另一种情况是如果服务员虽不能马上过来，但说稍等，这时即使他过了几分钟才来，也会有效延长顾客的心理等待时间期待，也不会觉得服务的响应度低，或者看到服务员开始往自己的方向走，哪怕中间被其他桌的顾客叫住，停下了一会儿，但因为看到了服务员对自己需求的反应，也会更有耐心地等下去。但如果按下按铃，等了一会儿没人响应，顾客就会觉得受到怠慢，这时就会感到餐馆的服务系统响应度比较低。两者相比，用户在前者得到服务所需等待时间未必比后者短，但主观感受却完全不同。因此，用户主观感受到的系统响应度并不只与客观真实响应时间，或者说系统性能相关。

尽管近几十年来，计算机技术迅猛发展，网络速度突飞猛进，但用户对系统响应度的期待值也水涨船高，用户通常希望马上就可以看到结果，但事实上却常常需要等待。对于交互行为体验来说，响应度是很重要的一个层面。例如，打开一个链接、下载一首音乐、打开一个文件等，这些等待不可避免，但如果这时了解用户的时间意识，以及因此带来的对交互系统的响应度的要求，以设计手段对用户的期望做出适当的响应，对于改善用户的使用体验就非常重要。

因此，这个层面的响应度是指交互系统是否能及时响应用户的交互行为，是否能及时告知用户系统的当前状态，而不使用户无故或不明不白地等待。

过去的研究表明用户对系统响应度的感知要求是否得到满足，正效应并不明显而负效应却很明显，即做得好不易察觉，而做得不好却会非常明显，因此响应度是影响用户交互体验的重要环节，甚至重于易学性等方面。

（3）用户交互时间意识与响应度

认知心理学中，关于人的时间意识有一些重要的研究成果，例如人们对话中交换发言时的最长沉默间隔大约是 1 秒，如果间隔超过 1 秒，谈话的其他参与者就会开始接过话题说下去，或者下意识地说些什么以让对话继续，例如插入一些语气词，比如“嗯……”“那个……”等，如果继续沉默，这个间隔就会被对话者注意，造成对话中断的感觉。这个间隔时长可能会因文化、环境等不同有所差异，但多在 0.5～2 秒之间。

能使人感知一个事件导致另一个事件的时间，即二者的间隔时间为 0.1～0.14 秒，这个时间是能感知到二者因果关系的最长间隔时间，用户输入一个关键词，按下回车键，等待系统给出响应结果，如果系统在 0.14 秒的时间内没有给出适当的响应，或者界面没有明显变化，用户就会怀疑自己是否确实按下了回车键，而可能会再次回车，也可能会寻求用鼠标点击搜索图标等其他确认交互指令的操作方式。这种情况就可以说是响应度低。关于响应时间的确切的量虽然在不同的实验中有所不同，但人们对操作与响应的时间间隔有一个认知预期是无疑的。

类似的研究成果还有很多，这是人类进化中形成的，是人类认知机能中的潜意识。要想提高交互体验，就需要尊重用户对响应时间的潜意识需求。

系统的响应度高低虽然跟系统的性能、配置、网速等有关，但响应度高低的主观感受不是仅仅优化性能或配置更高的硬件就能解决的，今天的电脑与 2000 年时的电脑相比，速度快了不止几十倍，今天的网络传输速度也比几年前快了太多，然而现在对系统效率的抱怨并不比十年前少。即便将电脑或个人电子设备的性能再提高十倍，人们对要求和给予的任务也会有更高要求，系统的响应度也仍然是一个问题，因此与其说仅需要更快的处理器，不如说系统的响应度高低更是一个设计问题。

大卫·梅斯特（David Maister）曾经对关于顾客等待服务期间的时间感受进行研究，提出：用户通常觉得空闲时间比忙碌时间过得慢，服务前的等待时间比服务中的等待时间过得慢，无法预计的等待时间比事先知道的等待时间过得慢，不明原因的等待时间比可以理解的等待时间过得慢，不公平的等待时间比公平合理的等待时间过得慢，等等。

基于此，要提高系统的响应度，使用户感受到系统的实时交互性能，可从以下几点着手。

①用户操作一旦发生，系统应立刻告知用户已经收到其指令，保持用户对于操作的因果关系连续性的感知。这里的“立刻”是指需要系统在用户期待的时间内给出响应，如果时间过长，用户会对其操作行为是否确实有效，或者对系统的有效性产生怀疑。

例如，按下屏幕上的按钮，或选择了菜单中的某个选项，或一个滑动条被推到了一个新的位置，这时系统应通过视觉、听觉、触觉等通道告知用户因此而发生的变化。例如，屏幕上的按钮在按下和松开后应与之前有明显的视觉变化，如果是实体按键应有触觉反馈，而滑动条的位置变化应即时通过音量的改变提醒听觉操作有效，等等，而且反应时间应在预期之内。

②当用户的操作因为各种原因不能有效完成时，告诉用户原因，有助于减少使用者的困惑或焦虑。例如iOS系统中的应用商店，当用户在网络情况不佳或无网络情况下时打开该应用，界面并无任何反馈，仅仅呈现一片空白，用户并不清楚该应用是否在响应自己的操作行为，不了解产生空白的原因是系统还是网络问题，这正是低响应度导致用户使用焦虑的典型案例。而当用户在网络情况不佳的情况下打开Pinterest应用时，界面以渐进式方式展示界面，图片仅显示接近的色块信息，让用户明了系统在响应用户的操作行为。并且在无网络情况下打开时，系统会留存上次关闭前的界面信息，虽无法更新但可以让用户明了原因，依旧能带给用户友好的交互体验。

③当系统需要一定的时间来完成用户给予的任务时，明确告知用户系统所需要的时间的量、系统的工作进展。有经验表明，不知道需要等待多久或不知道等待的原因，即不确定的等待会让用户感觉等待时间偏长。例如，当下载一个文件时，如果系统并不告诉用户预计需要的时间等信息，仅仅说正在下载中，或者在渲染一张较大的图时，不告诉用户已经完成的程度，用户不能确定系统是否在工作，不能预估出还需要多少时间，用户就会一直处在紧张的等待状态中，这种情况就会容易让用户焦虑，从而感觉等待时间较长，影响体验。

之前Windows系统中比较常见的是沙漏或旋转的圆盘的设计，表示系统正在忙碌地工作着，将一个文件拷贝到另一个文件夹，或者正在打开一个很大的文件时，就会出现这种符号。但这种传达方式的不足是不能提供量化信息，不能告诉用户已经完成的量、剩下的时间等具体信息，甚至有时系统已经死机了图标还在转，失去了反映系统实际状况的意义。

在生活中最常见的情况就是等待公交车。由于国内大部分城市的公交车站并没有配置汽车进站时间表，因此为了不错过，人们只能站在车站做不确定时间的等待，这种等待往往令人产生焦虑、不耐烦等负面情绪。而在一些国家，由于设置了电子站牌，能够告诉等待者下一班车或再下一班车几分钟后能够到，使乘客可以评估需要等待的时间，既可以自行选择等车的方式，以有效利用这段时间。总之，乘客的预期或关切能够非常清晰地得到系统信息的回应。

给予用户决定是否等待的权利。这里包含以下两层含义。

其一，等待开始前，允许用户决定是否进入等待。当用户进行某一可能导致等待的操作时，系统应明确告知用户即将进入等待状态，最好提供可能需要的时间等资源信息，由用户自己判断是否继续该操作，是否同意进入等待。有统计表明，如果是预期之中的等待，即用户预先充分了解即将进入的等待的信息，并仍然决定继续操作，用户就会对等待有更充分的思想准备，也就更能忍受“漫长”的等待时间。

其二，等待开始后，允许用户自己决定是否继续等待。当系统接收用户的指令进入等待状态后，应给用户主动权，让用户自己选择是放弃还是继续等待。有时用户已经处于等待状态，但发现等待时间超出预期，或临时有事不想继续等待，系统应给用户终止等待的权利。例如，在网络上下载一部电影，中途如果用户想放弃或暂停，系统可以满足要求，并在再次启动后可以让用户选择是否继续下载。

如果交互等待开始后，系统仍然能够提供暂停、取消、继续或重新开始等选项，就会使用户始终感到能够按照自身意愿完成整个交互过程，提高用户对于交互系统的控制体验。

（4）关于响应的设计

影响人们在等待过程中对等待时长的主观感受和心理体验的客观因素包括等待过程的填充物、等待时间的确定性、接受服务的阶段和等待的物理环境等。对于等待这部分时间进行精心设计，从而干预用户对于等待时间的感受，能够带给用户不一样的心理体验。

例如某餐饮服务品牌，在顾客不可避免地需要等待时，提供补救性服务来填充等待时间，如免费美甲、免费擦鞋、免费小吃等，由于提供了超出用户预期的服务，使本来是不得已的等待，反倒因为体验良好给品牌带来了良好的口碑。英国伦敦杜莎夫人蜡像馆则为了使经常大排长龙的游客的等待时间不那么枯燥，精心设计了排队等候区域，每隔一定距离，就摆放一尊蜡像，如伦敦警察，或安置一个伦敦标志性的电话亭，或设置一个故事板，可以让游客拍照，还安装了巨大的电视屏幕，滚动播出为人所熟知的音乐演出等内容，这些都是分散客户注意力，对等待过程进行优化，从而优化顾客的服务体验的努力。

同理，从交互设计的角度，对等待时的体验进行优化设计的根本目的也是缩短用户的时距知觉，避免用户经历枯燥、乏味、不明所以的等待。具体方法除了前述提到的为用户提供等待提示、让用户知道等待时间，还可以采用“欺骗”用户，转移用户注意力，转移等待，以及设计过场加载动画等思路，令用户忘记了等待的烦恼，自然就不觉得等待的时间过长。

①分步骤提供用户所需信息，给系统的运算争取时间。维基百科网站在用户

打开一张图片时先很快渲染出一个低分辨率的图像，并在左下方用蓝色进度条提示系统的计算进程，然后再提供清晰的图像。这种方法在搜索引擎类网站中被广泛推崇，相当于分步骤提供用户所需信息，即先提供了一个轻量级的模拟反馈，直到系统完成计算再执行真实的操作。这样做既让用户看到了系统的及时反馈，同时在没有缩短系统真实响应时间的情况下，保证了用户对于响应度的要求能够得到满足。

与此相似，Office 软件在打开一个很多页的长文档时，会首先呈现最前面的几页，而不会等到加载完整个文档后再打开，这都是系统在不断优化后对用户等待体验的响应。

还有一个反例，某系统在用户进行了打开图片的操作后，到完整清晰的图片呈现之前，只在左下方用小字表示系统正在等待响应。一方面与整个黑屏的界面相比，视觉指示性不够，不易为用户感知，容易令用户怀疑操作的有效性；另一方面这种响应方式也容易放大用户对等待时长的主观感受。

②对等待过程进行设计，使等待变得有趣。人们都有过排队的经历，不难发现在排队过程中，似乎另一排总是动得比较快；当换到另一排后，又会发现，原来站的那一排就开始动得比较快了；等得越久，越感觉自己可能是站错了队。不管是否同意这个神奇的墨菲定律之一，但生活中越是盯着时间，时间过得越慢，确实是每个人的感受。屏住呼吸一分钟，看着秒针一下一下走的时候，人们经常会奇怪，一分钟怎么感觉那么长。

因此人们认识到，对等待过程进行设计，让等待过程中充满可以看的有趣东西或是可以做的有趣事情，对分散人们的注意力都会有所帮助。

目前经常采用的动效就是有效方法之一。例如，在网页切换的等待过程中，在打开一个应用时，一些设计精美的动效会令人或会心一笑，或带来一点惊喜，使人们“忘记”了正处在等待状态中。此外，在系统运行计算过程中，允许用户同时去做别的交互工作，也是分散用户注意力的一种方法。

2. 提高用户对系统的控制感

首先，提高用户操作与系统反馈的匹配性，使用户感受到对系统的操控性。例如，当用户点击发送一封邮件时，用户期待看到的系统反馈包括：一个明确的信息，告知用户邮件已经发送成功；刚刚发送的邮件应该出现在“已发送邮件”栏里。如果系统做到这两点，用户就得到了与其操作匹配的系统反馈。这时用户能够感受到产品的变化与自己的意志吻合，自己能够控制产品的变化过程，获得期望的结果。此时用户即获得了对产品的控制感。令用户获得对产品或系统的控制感，意味着了解用户的心智模型，以符合用户期望的形式给予了与用户的操作匹配的反馈。

其次，给予用户对操作的控制权。用户对操作的控制权主要体现在可以决定做或不做什么，当用户对于产品进行试探性操作，或者出现误操作时，系统应提供方便的允许用户撤销已经进行的操作的路径，会提高用户对系统的控制感。

（二）提高系统设计的效率

高效是评价系统可用性的一个重要维度之一。

国际标准中对效率有这样的描述：效率是衡量用户任务正确度和完成度与所消耗的资源量关系的指标。

具体落实到产品交互领域，基于人机交互可用性的系统效率，指的是用户是否能够花费尽量少的时间、以尽量少的操作完成预定任务。而要做到这一点，意味着系统能够得到用户的良好理解，系统设计中提供的交互方式、交互路径符合用户的主观认知特征。相关的认知心理学研究成果，如注意、记忆、空间推理能力等研究对此有重要影响。

不论是注意、工作记忆还是空间推理能力，都代表了人类认知能力中有关信息处理的能力特征与局限性，而对于提高系统的效率，就意味着设计应从用户的角度出发，尽力减轻人的认知负担，降低用户的认知负荷、记忆负荷，使用户能够在轻松流畅的交互过程中顺利完成任务。除去网络环境和硬件设施对于交互效率的影响，提高系统效率，可以从以下几个方面着手。

1. 降低用户的认知负荷

（1）更多地提供让用户识别，而不是回忆信息的交互方式

记忆的特征决定人更善于识别而不是回忆。让用户识别而不是回忆信息意指通过对对象、操作和选择的可视化，使得在连续的操作中，不强制用户记住某些信息，将用户的记忆负担降到最低。

例如照片应用 VSCO，使用极简风格的图形表达所有控件，界面虽看似简洁，但仅以图形表述功能，对于新手用户来说，必须清楚记住所有功能才能使用，导致用户记忆负担过重。

在菜单中进行选择就是识别性行为，菜单把可选择项目一目了然地呈现给用户，用户并不是凭借记忆，而是通过识别进行选择，降低记忆负担，提高操作效率。

（2）设计合理的人机分工

人与系统构成交互的闭环，把适合人操作的部分交给人，把更适合机器的工作交给机器，降低人的负担。在用户填写表单的过程中，有许多地方能利用智能预填写减少不必要的记忆和输入，加速表单完成，提高交互效率。

例如，在京东网络平台上购物，因为需要输入送货地址，收货人信息这一步是整个购物流程中对用户来说比较重要的操作环节。为了减轻用户的操作负担，网站能够保存用户所使用过的全部收货地址信息，并能够将前一次用户购物所使用过的地址信息设为默认值。如果用户的新一次购物想换个地址，只要之前使用过，就可以从列表中选择，无须重新输入。而支付方式、配送方式、发票信息等，系统也都替用户"记住"。即便改变方式，表单中也列出全部选项，用户不需要输入，只需要进行选择，减轻了用户操作负担，提高任务完成效率。

2. 简化操作流程

例如，使用搜索引擎查找信息，当用户打开谷歌界面后，系统会自动显示用户最近搜索过的关键词，如果用户仍需要相关搜索，就可以免于再次输入；百度则是当用户输入一个字，就可以给出相关联想或最近热搜词，目的也是尽量减少用户输入，简化操作步骤。

Apple Pay（苹果支付）服务能够让用户在购物付款时不再需要实体银行卡，仅需将银行卡绑定 iPhone 后，支付时通过指纹即可完成付款，不需用户输入密码，大大简化了支付操作步骤，而且减轻了用户的记忆负担。

3. 有针对性地提供交互方式

提供多样的交互方式意味着提供两个以上的用户与系统交互的方法或路径，使得用户可以根据自己的情况选择适当的交互方案，降低任务完成的难度，提高交互效率。

例如，随着技术的发展，用户在使用移动终端时可以有键盘输入、手写输入、语音输入、二维码扫描输入等多种方式。用户可以根据自身特点、操作目的及使用情境做出不同的选择。不知道某个字的读音时可以采用手写输入；走动状态中，语音输入要比键盘输入或手写输入更方便；关注某公众号，扫码输入比其他输入方式更便捷。

此外，生活中人们经常需要输入用户名、登录密码或账号密码，人们经常会遇到难以正确、完整地回忆起这些信息，从而影响使用的尴尬情况。提供灵活的其他可选方式，有时可以帮助用户解决问题。

京东用户登录界面中，提供了邮箱登录、用户名登录和手机号登录三种方式。网页版163邮箱登录界面中，除了可以用短信验证码快速登录外，使用手机扫描二维码登录同样可以代替记忆账号密码，或者用户也可以选择邮箱、QQ号等其他方式登录，这些灵活的登录方式均能够有效减轻用户必须记住某些信息的压力，提升效率。

提供灵活的交互方式中，还包括为不同级别的用户提供不同的操作途径。例如，在Windows系统中复制某一部分内容时，可以选定之后按右键，点击复制；也可以在工具栏中寻找复制命令并点击；还可以采用快捷方式，直接按Ctrl+C。最后一种方式更加方便快捷，效率更高，适合对系统比较熟悉的用户。与系统交互时，专家用户和新手用户对于键盘、鼠标或其他输入设施的使用方式可能会有不同期待。专家用户可以并有能力通过更多地使用快捷方式提高交互效率，但对于新手用户来说，快捷方式需要对系统熟悉到一定程度后才能操作，不易记忆和掌握，如果系统只提供这一种交互方式，将会使初级用户感到困难。因此，提供多种方式供用户选择，可以帮助不同用户选择与其能力匹配的途径，提高交互效率。

多种交互路径不仅允许用户选择更能匹配其交互能力、提高效率的交互方式，而且意味着可以提供更具包容性的交互方式设计。

4. 设计良好的导航方式

过去的交互发展使移动和PC用户都已经习惯于通过导航菜单探索网站内容及特性，平时遇到的每一个网站、App或软件中都有不同形式的导航菜单存在。导航对于信息传达的重要性不言而喻。在界面设计中良好的导航视觉设计可以简化人们认知思考的过程，使系统更容易使用，提高使用效率和学习效果。

与实体空间的信息导向系统设计需要解决在哪里、到哪里去、有多远三个问题类似，导航是虚拟空间的信息导向设计，是产品信息架构的系统表象。只有导航结构清晰，用户才能明确自己的位置、方向和目的地，降低对用户空间推理能力的需求，清晰明确地传达出适当的交互路径，使用户不必花费过多时间和精力进行浏览、搜寻、思考，就可以做出正确的选择。

要做到这一点，用户应理解以下信息。

①所处信息空间的位置。如提供菜单结构。

②该做什么，例如，让用户知道目前处于操作中的哪一步骤，还有什么步骤等。

③自己处于各个环节中的位置以及应该怎么做，以降低任务的不确定性水平。

相应地，设计师应针对以上问题给出明确反馈，具体体现在以下两方面。

①告诉用户下一步该做什么，即减少任务下一步操作的不确定性，这样就不会在操作中需要更多的推理能力，这意味着需要为完成任务的每个步骤以及操作的顺序提供更有针对性的信息。

②使用户能够将整个过程联系起来，如为剩下的步骤清晰地标注序号，并始终在界面上显示整个过程的各个步骤的序号，以使用户清楚地了解自己处在整体中的哪一部分；这意味着用户明白完成了哪些步骤，还有哪些步骤。

（三）增强系统设计的易学性

易学性是可用性的另一个重要衡量维度，能够让用户容易学习的系统或产品意味着用户不需要花费很多精力，基于已有的知识基础就可以明白合适的操作方式，以符合预期的方式与系统交互，并完成任务。

影响易学性的根本要素是系统提供的交互流程和交互行为方式与用户心智模型的匹配度，以及足够兼容用户已有的经验。具体可从以下两个方面着手。

1. 功能可见性设计

唐纳德·诺曼、雅各布·尼尔森及大卫·贝尼昂（David Benyon）等都从不同角度提出过功能可见性对于可用性的重要性。功能可见，是指一件物品可以被感知的实际的性质，主要是那些潜意识中就能决定一件物品可能被如何使用的基础性质。也可以解释为一件物品的外观所提供的线索就可以让用户根据已有知识和经验、已有的心智模型，明白如何使用它，这一理念与工业设计中的“形式追随功能”一脉相承。在交互系统设计中，功能可见性可以理解为设计师在系统设计中提供的外在线索，可以给予用户如何操作的信息，并且当用户尝试操作后给予符合用户预期的反馈，即系统的交互设计符合人们的心智模型，使人们可以基于已有的心智经验理解系统的交互操作方式，降低学习的难度。

意大利一个著名的艺术与珠宝设计网站，为了凸显该网站的艺术气质，页面采用了满屏的素描作品，当浏览者的鼠标放在界面上时，鼠标就会变成一个十字光标，直观地告诉人们画面可以移动探索。

2. 系统设计一致性

一致性是指系统设计的一致性，除了设计元素的视觉一致性，相似的元素代表相似的功能，以及系统工作方式的一致性等，还包括以下几个方面。

（1）现实一致性

现实一致性是指用户在学习使用一个新的系统时，可以借鉴现实生活中获取的经验，以减轻用户的学习负担。

雅各布·尼尔森十大交互设计原则中的环境贴切原则，意指交互界面设计应采用用户熟悉的词语和概念，系统所使用的概念、词语都能够尽量与用户的日常生活中的各种已有事物的描述一致，与真实的生活更密切地结合，就可以减轻用户学习负担。这一点对于普遍意义上来说缺少数字产品使用经验的用户如农村用户、老年人或任何新手用户来说，尤其重要，能够降低他们学习使用的负担，促进信息技术更广泛地普及。

例如，在现实生活中人们认为旋钮顺时针旋转、滑动条从左到右和从下往上代表音量从小到大，那么交互界面上的控件功能设置应该与现实生活经验一致。

（2）交互经验一致性

交互经验一致性是指用户在学习使用一个新的系统时，其过去与系统交互的经验可以帮助其预判操作方式，以及操作会带来怎样的结果。

例如，网页上带下划线的蓝色文本意味着它是一个链接控件，可以点击跳转到更深入的信息，这是并不长的交互历史中的一个“传统”经验。因此，很明显，当界面中出现带下划线的蓝色文本，甚至带下划线的文本时，就是告诉用户它是“可点击的链接”，无须解释，用户的交互经验会帮助其理解。

这种交互经验一致性可以体现在不同版本的同一产品上，或者一个系列产品间的一致性，甚至可形成行业惯例，被应用在不同公司不同产品上。

典型例子如 Office 软件中的很多命令是通用的，Ctrl+C 是复制，Ctrl+V 是粘贴，这种命令设置的一致性大大提高了用户的学习效率。Office 软件还影响了其他办公软件的指令表达，包括 WPS 等办公软件也基本与此一致，甚至一些制图软件如 Photoshop 等也沿用这个命令。这是尊重用户已经形成的认知经验，沿袭一些为大众所熟悉的操作界面或方式。

录音机时代的播放界面已经深入人心，直至今天，进入互联网时代，各种播放软件或其他软件的播放界面，尽管风格千变万化，但操作按键的图形设计一直沿用人们熟悉的表达方式，使得人们无论在什么播放类产品中都不需费任何心思，就知道如何操作，大大降低了学习成本。

在这方面做得不太成功的例子也很多，即时通信产品微信的界面中，朋友圈发布纯文字内容状态时，须长按右上角相机图标调出文字编辑界面。该设计并不符合 iOS 平台规范，iOS 平台规范中能够长按操作的是图片、文本，而图标不允许长按操作。因此，用户在该界面试图发布纯文字时会发现经常难以发现正确操作方式。

交互经验一致还包括同一系统中相似操作完成的功能应该一致。

如 Windows 系统中的复制操作。用户执行以下两个类似操作：在 C 盘中将某文件从 A 目录移动到 B 目录下；将某文件从 C 盘移动到 D 盘。类似的两个操作导致的结果却有所不同。在同一个硬盘中拖放文件，系统执行"移动"指令时从原始目录中删除文件，并将文件放到新的目录中；而在不同硬盘间执行移动命令、拖放文件时，系统则执行"复制"指令，即该文件会被添加到另一个硬盘，而原硬盘中的文件并不会被删除。造成区别的原因是电脑文件系统的运作形式，当文件在同一硬盘中移动，操作系统底层仅修改文件目录表，不对文件做实际修改或删除；而文件被移动到其他硬盘时，底层操作系统会将文件数据复制到新盘上。但从用户的理解层面看，相似操作的系统表象却不同，会令用户产生认知困惑，造成心智模型的混乱，给操作带来不便。

交互行为方式的设定与用户预期一致，需要对用户进行深入分析和观察，需要对用户的心智模型、已有知识经验基础有深入了解，如果能做到相互匹配，则能够显著提高系统的易学习性。

（3）给予清晰的功能引导

随着数字技术的发展，实体产品和互联网产品都在不停地推陈出新，在设计过程中，设计师也会常常遇到因产品需要而创造新的设计模型、采用新的设计语言，进而影响系统表象的情况。有时新的模型往往因为不同于用户以往的生活经验，就会使与用户心智模型和认知经验匹配的设计准则遇到挑战。

Apple Watch（苹果手表）因为屏幕尺寸较小，能容纳的控件非常有限，所以设计中不得不引入了许多新的交互方式，例如：①加入按压触摸（Force Touch）这种全新的交互模式，触发与当前界面相关的隐藏菜单；②增加感应装置，让用户抬起手腕即可触发屏幕显示；③为数码表冠（Digital Crown）提供多种交互方式来对软件进行细致入微的导航操控，例如单击返回所有应用页，再次单击返回表面，双击回到上一个使用程式，长按开启 Siri 功能等；④同时因为屏幕太小，系统撤销了触摸屏的惯用操作——多指缩放，也不提供用户自定义手势操作权限。这些产品表象其实仍大多是从用户以往习惯的模型中提炼更改的，像 Digital Crown 可以看作是具有扩展功能的"Home"键，尽管如此，许多用户依旧表示了对 Apple Watch 学习成本过高，违背既有苹果产品使用习惯的不满。

在创建新的模型时，应注意以下两点。

一方面，可以尽量使新的系统表象与已有的用户经验之间保持足够的连续性。成功的做法如数字时代与机械时代产品的底层基本技术不同，但功能相同，可以采取类似的产品表象。例如，现在各类电子产品 3×4 的数字键是从固定电话时代开始使用的，并一直被延续至今。再如用户使用 Kindle 进行阅读时，系统表象模拟传统的阅读方式，令使用者没有太多的使用学习成本。

另一方面，保证新模型对用户有足够的、清晰的引导也非常重要。如 Path（一款社交软件）在导航设计中，首次使用了点聚式设计，目的是让用户专注于主体信息本身不被打扰，同时能够将用户最频繁使用的多个核心功能点汇聚在主界面中显示，方便用户随时呼出使用。因此，针对新的导航模式，需要在新手引导内容、入口图标设计、动效设计方面做明确的用户引导。因此，数字产品应该充分了解用户的已有认知经验、用户的心智模型，进而通过系统表象正确地响应，提高产品的易学、易用性。

（四）扩展系统设计的容错性

虽然交互系统设计的终极目标是使用户不犯错，但在朝此目标努力的过程中，系统的容错性仍然是系统可用性的重要部分。

容错性，即用户在与系统的交互过程中，系统应该具备处理用户错误操作的能力，其主要包括以下 3 个方面。

1. 预防犯错

一方面，使用清晰的语言、链接或控件设计，并且给予用户适当提示，告知用户操作可能出现的后果。在 QQ 邮箱中，当用户未填写邮件主题并点击发送后，系统会给出确认提示，防止用户因疏忽大意误操作而未填写主题。

QQ 的登录界面中，当用户键盘的大写锁定在开启状态时，QQ 会弹出提示“大写锁定已打开”，以提醒用户密码输入时可能会受到的影响。

此外，如在重大改变时提前提供预览，可以预防用户改变后再发现是错误操作，需要更改，影响交互效率，这也是常见的做法。

例如 iOS8 中，为帮助视力不好的用户提升阅读体验，提供了放大显示图标和文字的功能。但是进行变焦操作需重新启动手机，这需要花费一些时间，所以 iOS 系统会在使用这个功能前，预览变焦完成后的样子。这个体贴的预览功能可以帮用户评估出是否真的需要操作变焦，避免无谓的耗费时间的错误的发生。

另一方面，提供有限制的选择，增加用户犯错的难度，或者提供正确的示例等，都可以减少用户犯错的可能性。

例如，目前飞机上马桶的冲水键大多设置在人的背面，如果用户想不起身、坐在马桶上使用的话会非常不方便。该产品在早期设计中也曾经从方便用户使用的角度考虑，将冲水键放置在人的正面等方便触及的地方，但由于是真空马桶，曾发生过坐在马桶上的人按冲水键被吸入卡住的案例。安全永远是第一位的，为防止再次出现这样的情况，冲水键被转移到人的背面，使用户必须使用完毕后站起来才能按到，避免发生危险的可能性。

2. 犯错提醒

犯错提醒，如在用户注册的交互流程中，应及时提醒用户填写的信息是否符合要求。例如，如果用户设置的密码达不到安全要求，在用户输入后进到下一个对话框时就应告知刚刚输入的信息不合格，方便顾客及时修改，避免在顾客完成整个填写、提交后才被告知不合格，影响用户体验。

早期的时候，有的网站的注册流程中，有些是用户全部填写完提交或转入下一页后才被告知有不合格之处，而退回来之后原来填写的很多信息会被抹掉，需要重新填写。这一点降低了很多人的注册兴趣，因此而放弃注册的用户不在少数。

需要注意的另一点是在告知用户已经出现的问题时，要直接以顾客明白的方式告诉其犯错的具体原因，而不是用系统语言，令用户难以理解。

3. 犯错修复

容错性高的系统不仅要清楚地告知用户错误发生的原因，更要告诉用户修复错误的交互路径，并提供便捷的修复方式。

例如，在百度搜索中，输入搜索关键词出现拼写错误时，百度会依据联想功能，智能判断用户真正的搜索意图并显示系统认为正确的搜索结果，直接对用户的错误进行修复，但同时提供原始搜索关键词的入口，即如果系统判断失误，仍能够让用户迅速搜索原始关键词。

（五）无障碍设计与通用设计

如今的交互设计师大多是年轻人，计算机系统的开发者也大多是年轻人，他们中很多人熟悉计算机，甚至是使用计算机的高手，有时很容易忘记产品的很多用户缺少计算机使用经验，以及他们在使用这些产品时感到的疑惑、遇到的困难。

这一点在老年人、残障人士以及其他能力不足的人群中表现尤为突出。例如，视觉信息呈现一直是交互设计中最重要的表现渠道，但有人口统计数据表明 8% 的男性有色盲或色弱症状（《信息图形中的颜色探讨——面向色盲人士友好的设计解决方案》），他们对界面上的某些色彩组合难以区分，而视力不足中近视或远视甚至视弱的人就更多了。此外，还有听力障碍的人、因肢体障碍坐在轮椅上的人等，这些生理方面的差异都会影响人们在不同环境下与数字产品的交互方式和交互能力。随着电子产品的普及，如今使用智能手机和平板电脑的儿童越来越多，儿童经常使用这些产品会有怎样的后果，还没有一个明确的结论，但众所周知的对视力发育的损害已经开始令人忧心忡忡。

交互设计中的无障碍设计和通用设计，就是在数字产品或系统开发的过程中，考虑为能力有差异的人群提供适合的与系统交互的方式，使其不会因为生理、认知等方面的能力不足，影响其获取信息的能力。

1. 无障碍设计

无障碍设计最初是指通过帮助工具、设施或技术手段，为残障人士提供方便，减轻和消除“障碍”对他们的生活和工作所带来的不便。

随着社会的发展，物质空间应保证可以被残障人士无障碍地到达和使用已经成为许多国家的法律规定和基本的设计要求。而对于数字产品是否能为不同的人，包括残障人士，提供使用的便利也正在引起人们的重视。

日本是世界上人口老龄化程度最严重的国家，也是推广无障碍设计理念最早的国家之一。在其政府或民间团体的网站上，大多提供简单的字号放大或缩小的方式，只要点击“扩大”按钮，字体就可以放大，方便老年人和弱视人群。其中政府的网站上还支持声音播出和振动的信息输出方式，为盲人或弱视人群提供获取信息的通道。

2. 通用设计

通用设计是指能满足大多数用户需求的设计。它的目标在于使产品能被多数用户使用，能够“包容”各种差异性。这是无障碍设计理念上的发展，也是人类社会人口老龄化的挑战带来的迫切需求。

为老年人考虑的设计是对大多数人有利的设计。以认知能力中的工作记忆为例，研究测试成绩表明，不同年龄段的人群中样本差异都较大，比较年轻的人群中有较低分数的样本，老年人群中也有测试分数较高的样本，只是总体来看，老年人群中较低分数的样本比例较大。

这一点提醒人们，方便老年人的设计事实上对所有人群都有重要意义。这也是通用设计的理论出发点

交互设计中的通用设计理念可能更多地表现为一种灵活性的设计，系统允许用户根据自身需要选择不同的使用方式，能够按照用户自身条件（生理状况、认知能力、熟练程度等）、使用方式、使用习惯等进行选择和调节。

实际上，随着科技的发展，已经有越来越多的手段为弱势群体提供多样的选择。如前述提到的多样的信息输入方式。触屏手写输入可以方便不会拼音的老年人，也可以避免按键较小不易准确操作。此外，近年来，微信、QQ 等社交产品应用大多提供了语音交互模式，使老年人可以通过发送语音信息和视频与家人联络。

纽厄尔（Newell）曾经指出，一般人群在极端环境（在压力下，或时间紧迫等情况）下出现的问题，与残障人士在一般情境下面临的情况相似。这可能也为设计人员在产品或系统中考虑为老年人、残障人士的设计提供了更具指导性的思考角度。

数字产品交互领域的无障碍设计和通用设计是产品可用性的组成部分之一。信息科技能够为所有人所用是社会发展、科技发展及设计发展的必然趋势。

第二节　界面设计

UI 设计即用户界面设计，是指对软件的人机交互、操作逻辑、界面美观的整体设计。

交互设计是对交互过程的设计，是交互行为与界面设计两个方面的结合。行为设计分析使用者的目标、任务以及因此产生的行为，而界面设计是用户与系统交互的媒介设计。

广义来讲，界面包括用户与系统交互的全部媒介，包括输入输出的物理设施，也包括数字界面，即屏幕呈现部分，本节不以物理设施为主，主要探讨其中的数字界面设计，即交互信息的外在呈现方式设计。

作为用户交互行为的承载与反馈的载体，人们通过所见、所听、所触与系统进行交互，界面所呈现的信息，应保证用户可以看到、注意到并理解其中信息之间的相互关系和变化，界面是使用者理解系统能做什么及怎么做的媒介和途径。

因此，功能富集的UI设计，即用户界面设计，并不是单纯的视觉艺术或图像设计行为，而是基于信息传达的学科，需要在与交互行为设计相互配合的基础上，在一定的概念框架下，综合运用色彩、文字、版式等要素，以期达到有效传达系统的交互信息的目的。

正因为界面是人与机（系统）交互的媒介，人的感知机理、认知特征等思维活动成为界面设计中的重要影响因素，认知心理学、格式塔原理等领域的研究成果是交互界面设计的重要理论依据和基础。

一、界面的文字设计

几乎所有的界面产品中都会用到文字，小到错误、警告、提示信息，大到项目介绍、导航、标题等。界面中的文字设计包括对字体、字号、字词间距及行距的设计，这些因素对于提高文本的可读性、可理解性，以及信息的易搜索性均有影响。

（一）字体设计

在数字产品界面设计中常见的几类英文字体主要有以下 3 种。

衬线字体（serif）：带有装饰线的字体，最常见的衬线字体有 Times New Roman、中文的宋体，其他还有 Palatino、Georgia 等。

无衬线字体（sans-serif）：没有字母结构笔画之外的装饰性笔画，或简单地称为没有装饰线的字体，常用的无衬线字体包括 Helvetica、Arial、Calibri、Verdana，以及中文的黑体等。

等宽字体（monospace）：每个字母宽度相同的字体，如 Courier、Courier new 等，中文的宋体也是等宽字体之一。等宽字体的最大特点是可以方便地对齐字段的边界，因此曾经是应用最广泛的字体之一。

字体的尺寸是指字母的最低的下出头到最高的上出头的距离，即字母的高度，字体尺寸可以用字号、pt（点数或磅）等来表示，1 英寸（2.54 厘米）对应为 72 点；而屏幕上使用的字体，也有以 px（像素）来衡量的。

早在 1963 年，就有学者研究比较了大、中、小不同尺寸的文字阅读效率，认为中等尺度的文本字号（11pt，相当于中文介于小四号和五号之间）的可读性既比较小的字好，也比更大的字好。这一研究成果在今天仍然影响着包括大多数数字媒体界面在内的文字字号选择。

值得一提的是，关于适合老年人阅读的文本字形大小的研究，早在 1980 年范德普拉斯（Van der plas）就在一个对 60～83 岁成人进行的文本阅读测试中，比较了几种字体对阅读效率的影响，证实了在较长文本的阅读中 12～14pt 字的阅读效率表现最好，这一点对于老年人读者来说尤其显著。其后的一些研究都在一定程度上进一步验证了这一点。1985 年索尔格（Sorg）在对 52 位长期生活在养老机构的居民做了访谈后，提出 14pt 比 12pt 更适合老年人。1994 年哈特利（Hartley）则在其综述性研究中对 18 个相关研究做出梳理并得出结论：12～14pt 大小的字适合老年人或轻度视力下降的人群。

因此在字体的尺寸选择方面，12～14pt 字号能够满足较多人的需求。

有统计表明，国内现有中文网站中，12px 宋体（相当于 9pt）是最常使用的字号，这大概也是为什么很多老年人反映上网时遇到的最大的问题就是看不清的原因。

提供方便的字体尺寸调节方式。数字化产品最大的不同之一就是虽然通常产品会有默认设置，但使用者可以在此基础上根据自己的喜好调节字号大小。由于用户可能因为年龄、视力或者光线环境等因素，对字号有不同的需求，提供方便的调节方式也是满足用户不同要求的一个途径，例如现在的触屏类操作产品，用户都可以简单地用手指放大或缩小界面，使读者可以方便地调节到便于阅读的尺度。而一些网站也为用户提供了简单的放大缩小字号的方式，方便用户使用。

（二）字词间距和行间距设计

字词间距包括字母间距和词间距。

字母间距是指字母之间的接近或远离的程度，调整字母间距可以影响浏览和理解的效率，这一点在字母型文本中尤其明显。

词间距是指词与词之间的水平方向的距离增加或减少的程度。

网页界面中的字词间距因为受到网格影响，所以在设计中多一起考虑，采用系统默认设置。

行间距是指各个文字行之间的垂直间距。对于罗马文字，行距是从一行文字的基线到它的上一行文字的基线的距离（见图 4-1）。其中的基线是一条看不见的直线，大部分文字都位于这条线的上面。可以在同一段落中应用一个以上的行距量；但是，文字行中的最大行距值决定该行的行距值。

图 4–1　字母行间距与基线

除了从基线到基线，行距有时也采用另一种度量方式：从一行的顶部到下一行的顶部。

段间距即段与段之间的间距，是段间距同样会对文本的可读性产生影响。段距会通过段与段之间的距离来提醒读者上一段文字的结束和下一段文字的开始。

段与段之间是相对独立的，有可能这段话和上一段话有必然联系，也有可能联系没有那么紧密。合理的段距还可以适当消除阅读整篇文字后所产生的疲劳感。

（三）文字设计的基本原则

1. 可辨识性和可读性

在字体设计中有两个非常重要的概念：可辨识性和可读性。

可辨识性是指文字的可辨识、可辨认度，更多地侧重于字或词的较微观层面，关于可辨识性的研究是基于理性的分析和试验结果的，比如动态识别性、低照度识别性、弱视人群识别性等，由试验结果可以得到相对客观的结论。

可读性则是指由字母组成的单词、句、段落的容易阅读与否的性质，是较可辨识性更注重宏观层面的对文本整体或内容理解的容易程度。

文字设计的可辨识性是影响可读性的基本因素之一。字体、字号、字词间距和行间距对于可读性和可辨识性均有影响。在界面设计中关于文字的设计更多的是指文字的可读性。

（1）字体选择

虽然字体的选择受到字体特征和使用语境的影响，但关于在界面设计中哪种字体的可辨识性更高的研究和争论一直没有停止过。

总体来说，目前的研究结果多认为衬线字体与无衬线字体对于连续性阅读各有特点，对于小尺寸的连续文字，无衬线字体具有优势，也比较广泛地用于导视、信息图及屏幕界面中。衬线字体因为其造型的独特性，可辨识性较高，较多用于标题。但这并非硬性规定，字体的设计和选择远非只考虑字体本身这么简单，在保证可读性和可辨识性的基础上，与其他元素之间的关系、对设计风格等的考虑也是产生影响的重要因素。

（2）行距和字词间距

行距对文字的可读性有较大影响。一般认为行间距应显著大于字词间距，便于读者区分行，如果行与行之间贴得过紧会影响视线的移动，容易让用户感觉不知道正在阅读哪一行（见图 4-2）。另外，行距还受到行的长度的影响，有研究认为，若行长，行间距应较大，可以帮助读者更好地进行行的区分。

行间距是指行与行之间的间隙增加或减少的程度，行距对文字的

可读性产生影响较大。国内现有中文 web 中，12pt 宋体一般对应

使用 18–20pt 的行距；14pt 宋体则通常使用 22-24pt 的行距。

行 间 距 是 指 行 与 行 之 间 的 间 隙 增 加 或 减 少 的 程 度 ， 行
距 对 文 字 的 可 读 性 产 生 影 响 较 大 。 国 内 现 有 中 文 w e b
中 1 2 p t 宋 体 一 般 对 应 使 用 1 8 – 2 0 p t 的 行 距 ； 1 4 p t
宋 体 则 通 常 使 用 2 2 – 2 4 p t 的 行 距 。

图 4–2　字距与行距大小的比较

（3）行距与段距

行距与段距关系的选择应有助于构成文字的层级语境，一般认为段间距如果显著大于行间距，将有助于帮助用户了解阅读的逻辑和顺序，从而便于用户对文本的整体性浏览。如果这种距离不够，那么读者移向下一行的视线就会与移向下一段的视线发生冲撞，影响阅读的流畅性。更重要的是段间距在文本建立层级、帮助读者了解文本信息的相互逻辑关系方面有重要的影响。过于狭窄的间距不可取，段落之间的距离过远，也会有造成段落之间的关系联系不强的弊端，因此设定合适的段间距是很重要的。

有一种常用的做法是将段间距设为大约两个文字的大小，作为保证文章易读性的标准。也就是说，当正文的文段以 12px 文字排版时，段间距就是 24px。当然，这个标准也并不是绝对的，还需要根据具体情况和要求具体分析。

（4）文本区块的段落对齐方式

文本区块的段落设计取左对齐可读性最好。左对齐的文本虽然右侧可能有参差不齐的边缘，但这种对齐方式保证了字词间距的一致性，能够提升可读性。左侧对齐排列的文本在屏幕界面上应用广泛。

相比较而言，右对齐因为用户需要寻找每行起点，所以较少使用，连续性长文本的阅读要避免采用这种方式。

而中心对齐意味着文本中心与行的中心一致，可以在视觉上制造对称的效果，但也因为每行起点都会有变化，而不适合连续阅读。

现在采用比较多的还有行长相等的对齐方式，即牺牲字词间距的一致性来匹配行的长度一致，这样可以增加文本的视觉整齐度，但事实上仍潜在影响了文本的易读性。

以上多是基于英文字体进行的研究，目前关于中文的相关基础研究还较少，中文排版中首字缩进两格，有助于提高可读性，是比较公认的研究结论。

2. 可操作性

界面设计中的排版与静态印刷有所不同，因为前者经常是动态的，要考虑到用户使用时的需要。如平板电脑类产品，用户使用手指操作居多，因此文字排版的字词间距和行距要考虑适应手指操作，间距不够会造成链接激活区的重叠，出现设备识别问题。与此相似，在智能手机类产品中，虽然屏幕要比平板电脑类产品要小，但在确定行距和字间距时，同样要考虑指尖或手指操作的空间是否足够，以减少误操作的可能性。而在个人电脑上，由于多以鼠标操作，字间距和行间距就可以适当缩小。所以同一个产品在两种以上媒体上显示时，要具有自适应性，以满足用户在不同情境下的使用要求。

另一点需要注意的是随着交互产品的日益丰富，特别是移动终端的兴起，屏幕界面大小从几英寸到几十英寸不等，同一内容在不同大小和分辨率的屏幕界面上的大小完全可能不同，但不管如何变化，字号、字词间距、行间距和段距大小均应保证用户的阅读的可辨识性和可读性。

二、界面的色彩设计

色彩是界面设计中最重要的视觉元素之一，决定了界面设计风格，而用户也往往会根据界面的色调风格对产品的功能、受众定位等得到对该产品的第一印象。

关于色彩设计的基本原理与方法在此并不展开叙述，下文仅对界面设计中影响交互信息传达的色彩设计的两个基本要点进行论述。

（一）色彩的功能

色彩设计通常因为设计师的喜好或产品风格的不同而不同，此外，色彩的选择在保持界面信息的易读性及交互要素的一致性等方面都是重要的设计手段。色彩在功能层面的主要表现包括以下 3 个方面。

1. 信息归类

色彩在界面中常常被用来作为信息划分，组合的一个重要手段。最经典的案例莫过于伦敦地铁路线图的设计。作为有着 160 多年地铁历史的世界最大都市之一，伦敦的地铁路线多而复杂。如何使本地居民及来自世界各地的游客方便地了解地铁、规划出行路线，是设计师面临的一大问题。该设计几乎完全以色彩为主导，以方便用户查询信息作为构建依据，率先以不同色彩与各个线路一一对应，将二三百个站点依十几条线路分组串联起来，同时将不同区域用白色和浅灰色进行区隔，不论是初到伦敦的游客，还是当地居民，都可以很快明了路线图的使用方法，根据颜色方便地在相关线路上查询站点信息，大大地提高了用户对信息的认知效率和查询效率。色彩成为这个复杂交通系统中信息归纳与视觉引导的重要手段。伦敦利用色彩进行信息归类和系统呈现的理念广泛地影响了世界各国地铁和巴士路线图的设计，进而影响视觉设计和空间引导设计等各个领域。

2. 信息区分

色彩常常作为界面设计中信息区分、功能提示的方法。

例如，看过的信息通常会变为不同的颜色，以和没有访问过的信息予以区分，BBC 新闻网站，已经点击过的新闻较其他链接会变成较浅的灰色，既传达给用户其已经访问过该链接，同时也有看过的信息重要性降低可以忽略的隐喻意味。

3. 信息表达

色彩本身即信息。

色彩本身就可以带给人强烈的直接感受和情感体验，人们通过与自然、历史、文化等的联想，赋予色彩一些通用的含义，例如，红色代表热情、危险，黄色代表警告，橘色代表温暖和欢快，绿色代表安全、和平、健康，蓝色代表宁静，等等。最典型的案例之一是交通信号灯，红色即代表停止，黄色代表信号即将变化，而绿色代表可以通行，这种全世界通行的色彩定式，就是利用色彩本身的寓意传达给人们不同的信息，并且通过广泛应用更进一步强化了人们心目中的认知。

此外，“不同的色彩搭配会传达出不同的情感信息”已经得到人们的广泛认同。例如，定位分别为男性与女性的化妆品，分别面向成人与儿童的网站色彩，都在人们心目中有一定的色彩风格期待，这反过来告诉设计人员，不同风格的色彩方案本身就是产品信息的一部分，在界面设计中的色彩创新不应与受众预期背离。

在《信息之美》（*The beauty of information*）一书中，作者更是对不同文化的代表色彩用一张图表进行了概括，从文化的角度形象地说明了不同国家和文化背景的人对色彩的喜好和认知的差异，进一步丰富了色彩的象征寓意方面的理论研究。

综上所述，色彩因其带给人们的直接性感受，在人们心目中衍生出丰富的心理联想，进而产生心理知觉影响。在界面的色彩设计中应善用色彩的特性来组织信息、传达信息，为产品信息的准确传达服务。

（二）色彩设计的通用性考虑

色彩设计的通用性考虑，在此是指应考虑色盲或老年人等弱势群体对于色彩辨别存在的困难，这也是提高产品或系统设计包容性的一个重要方面。

完全看不到颜色的人称为全色盲，但大多数色盲人群并不是完全看不到颜色，沃尔夫迈耶（Wolfmaier）在1999年的研究表明，多数色盲是对某些特定颜色难以区分，最常见的色盲是红绿色盲，难以辨别深红色和黑色、蓝色和紫色、浅绿色和白色等，其次有黄绿色盲、蓝色盲等，全色盲的人并不多见。

而对于老年人群来说，随着年龄增长，晶状体老化变得浑浊泛黄，视觉神经退化，视网膜锥体细胞减少，形成白内障是普遍现象。有统计表明，白内障发病比例与年龄正相关，“50～60岁老年性白内障的发病率为60%～70%，70岁以上达80%，80岁以上的老年人几乎100%。”①

由此带来的影响就是老年人的色彩辨别能力逐渐降低，与年轻人相比，他们对色彩的知觉范围会逐渐变窄，当色彩相近时，分辨能力也较差。最典型的包括老年人容易将白色误看作黄色，甚至棕色，对青色和黑色也难以区分。

不同的实验研究都表明，老年人对短波长的色彩区辨能力更差，即随着年龄增加，对绿到蓝范围的色彩辨别能力会有所下降，而在红到黄范围内则相对影响

① 胡柯：《白内障，别等“熟了”再摘》，《家庭医药》2012年第3期，第60页。

较小，这种情况在低照度情况下更加明显。

结合近年来基于屏幕界面使用的老年人色彩辨别实验成果，提醒设计人员在考虑老年人的色彩辨别能力变化时，应当保持色彩、色相的对比；加大图底对比，选择色相差异大一点的色彩组合，以提高视觉认知度。

三、界面的图标设计

图标（icon）的大量应用是用户 GUI 的一个重要特点。图标对于营造用户界面的友好性、减少用户的认知负担起到了促进作用，为建立良好的人机交互关系做出了巨大的贡献，目前在人机界面设计中得到了极为广泛的应用，可以说无处不在。

图标通常被认为具有比文字更形象的传达信息的能力，但是前提是图标的设计确实能够明确地传达信息，否则就不如文字来得明确直接，反倒更容易造成误解。

国际标准化组织对于图标的设计也有一套严格的设计程序（见图 4-3），只有经过严格的筛选和测试合格的图形设计，才能进入 ISO 图形体系，并被推广及广泛应用。

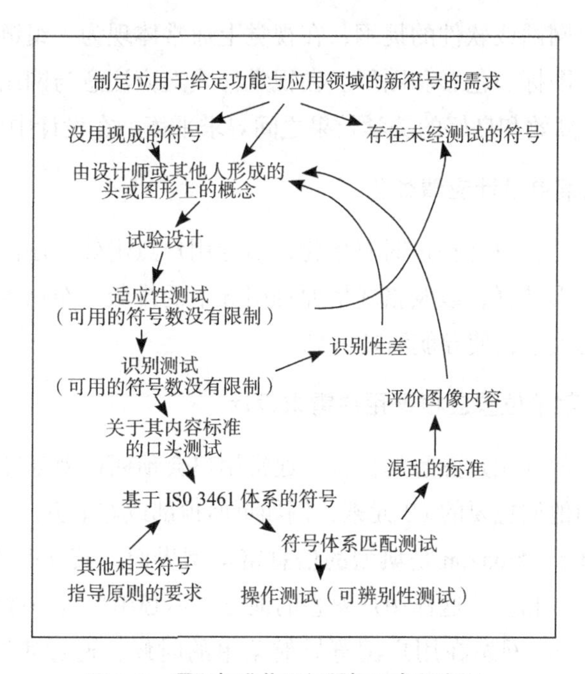

图 4–3　国际标准化组织图标开发程序图

虽然有可能一幅画胜过千言万语，但不是所有的图标都能做到这一点，更不是所有的图标在应用之前都经过了严格测试，没有经过严格筛选的图标就不能保证其有效的识别性。

有研究表明，用接近实物形态的图片来作为图标最易于理解。苹果公司在其许多产品的界面图标设计上直接采用了人们实际生活中一直使用的最传统的产品形式，这些图形设计与人们日常使用的产品的视觉一致性高，契合了最广大人群已有的认知经验，不会造成认知上的歧义，是苹果界面设计可用性的重要组成部分，推出后影响了几乎所有信息科技产品的图标设计。

这在一定程度上也是与用户的心智模型、既有经验相匹配和兼容的原因。

随着互联网的飞速发展，催生了许多前所未见的数字产品，如各种 App 应用，也产生出许多新的图标设计需求，对于缺少经验的新手用户来说，一些较为抽象的“新”图形易产生歧义或困惑，进而影响对界面及交互的理解，因此一方面应谨慎选择图标设计，另一方面可以优先考虑采用图文并茂甚至文字的形式，使信息传达准确无误。

四、界面的视觉导航设计

导航是一个网站或软件的提纲，在视觉上通常体现为一组链接或图标，设计元素包括文字、图标、色彩和图形。在视觉样式上应注意与网站其他内容有显著差异，在清晰、高效和良好的美学效果之间寻求平衡。在设计中应注意以下三点。

（一）导航菜单设计应清晰化

导航菜单除了在鼠标扫过时有变化，引导用户点击外，还涉及导航的文字使用、色彩以及图形选择，以及格式塔原理引导下的排版、布局等要素，从而建立清晰的图底对比关系，使导航清晰可见。

（二）导航菜单位置应根据用户需求设计

把导航菜单放在用户熟悉的位置。通常用户会预期在浏览过的网站或 App 中的类似位置找到他们想要的 UI 元素，例如页面顶部或左上方。

网络购物平台 Amazon 是典型的信息富集型界面，其导航不追求新奇花哨，而是放在页面上方和左侧这样用户熟悉的地方，不必用户费心琢磨。

此外，Amazon 网站在用户浏览导航菜单的时候，通过遮罩和留白的方式，突出图的对比，使导航从背景中清晰“浮现”出来。这种跟随用户的操作，动态地突出显示用户关注点的设计，富含细节的考虑，貌似朴实，实则意义深刻，值得学习。

（三）导航菜单设计应注意一致性

一致性在交互的所有方面都很重要，导航视觉元素在不同界面间转换时的一致，也是整个产品一致性的重要组成部分。

五、界面动效的设计作用

（一）动效的基本特征

UI 通常是基于静态页面来设计的，页面之间通过跳转切换。随着设计手段的不断更新发展，设计师开始尝试将原来设计网页动画的手段引入界面跳转处理环节，试图解决未经处理的跳转难以提供给用户足够等待预期的问题，减少用户使用过程中的困惑，帮助用户理解前后变化的关系，提高用户体验。

随着谷歌、苹果等国际品牌的率先示范和引领，越来越多的人开始关注动效设计，也越来越意识到动效在产品用户体验中的特殊作用，动效正成为交互界面设计的新兴元素和力量。

动效最大的特点是可以提供基于时间轴的信息传达：静态界面的 UI 布局仅是设计元素的静态组织，而动效可以沿时间轴交代各元素的变化、联系，这对于有限的界面显示面积来说尤其具有重要意义和价值。界面元素如何出现和转化为新的状态，通过元素的大小、位置、透明度和颜色等的变化过程，帮助用户更直观、更好地理解界面，特别是能够以并不增加菜单层级、不需要用户更多操作的方式，将更多的信息传达给用户，动效的这些特点使其成为数字界面的有效表达手段之一。

例如，三宅一生官网上关于日本著名服装设计师三宅一生作品展的网页，就放弃了用平面元素陈列作品的方式，而是采用了动效配以音乐，依次展示了三宅一生的多款经典设计，最后才定格为展览名称。

（二）动效的作用

1. 为用户提供沉浸式体验

在数字产品的交互设计中，一个提升用户体验的重要的设计方向就是令产品与用户交互的方式尽量接近真实世界的互动方式，符合人们对于现实世界规律的认知，从而消除人们与虚拟的交互对象进行交互的疏离和陌生感，使系统和产品更好地为用户所理解。

因为人们在现实世界的交互过程是连续的动态的过程，通过引入交互动效设计模拟人们与现实世界中的交互反馈方式，可以提供给用户更加真实的操作体验，缩小用户与数字界面间的鸿沟，给用户带来沉浸式体验。

2. 为用户展示直观的系统工作状态

动效可被作为直观地交代系统工作状态的手段，将系统的反馈用良好的动效设计表现出来，可以让用户更好地了解操作的结果与系统当前的状态，例如谷歌推出的 Material Design（材料设计语言），可以用动效实时实地地反馈用户的操作，动画在用户点击的按键处开始触发，形成类似涟漪的效果，让用户直观地感受到操作的有效发生。动效还可以帮助掩饰系统的运算，分散用户的注意力，减轻用户在等待过程中的焦虑。

Dead Obies 网站在首页打开过程中（见图 4-4），没有采用进度条的方式，而是将 LOADING 这个词逐个字母拆开，不断复制来呈现加载过程，形象的动效设计让用户不知不觉被动效吸引，从而忘缺等待的时间。

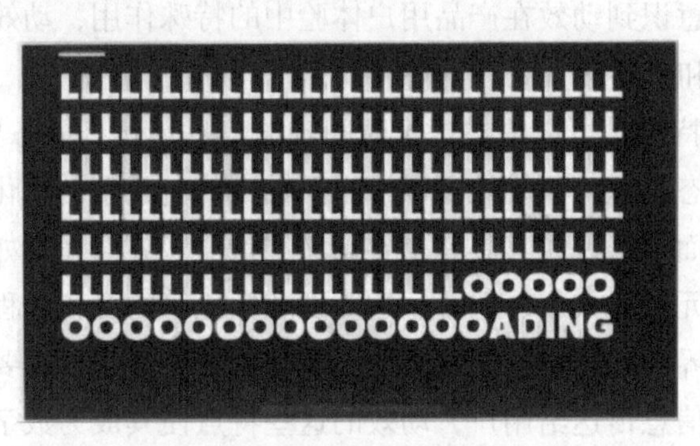

图 4-4 Dead Obies 网站首页动效

3. 有效吸引用户的注意力

上文提到过注意是有限的资源，因此如果要得到用户的有效注意，需要加强图的对比。有研究表明，从看到一个页面的瞬间开始，在展示面积相同的情况下，用户的注意力会按照一个特定的顺序依次被吸引：动态>颜色>形状。也就是说，注意容易受到移动的物体吸引，因此在界面设计中添加适当的动效是吸引注意、引导用户注意，建立合理的视觉流程的有效工具之一。

4. 可以充当产品的使用说明书

在需要告诉用户如何使用某种功能或某种产品时，动效作为一种生动的表现形式，往往比单纯的静态文字或图片起到更生动、更易于理解的说明和引导效果。移动终端界面中常见的手势操作说明（见图 4-5），与静态文字和图片相比，动效表现方式简洁、形象，占用资源少，且更易于为用户所理解。

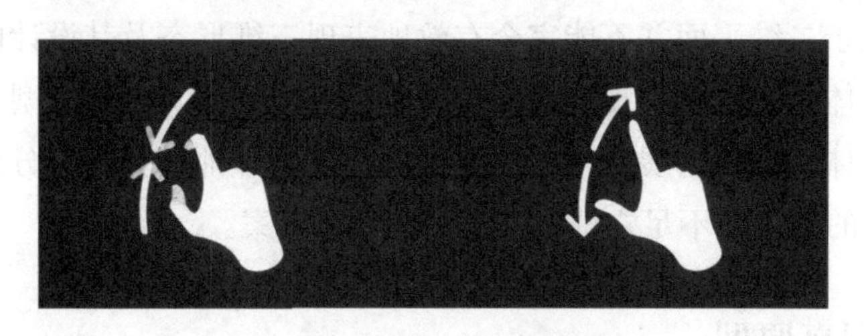

图 4-5　动效产品说明书

总之，动效可以作为建构视觉层级、降低认知负担、提供更加真实的操作体验等的设计手段。设计良好的动效，往往能带来更加愉悦的使用体验，也能更细腻地表达应用的情绪和气质，帮助产品在细节中流露出独有的品牌特性，升华体验。

第三节　原型设计

原型设计是交互设计师与产品设计师、产品经理、程序开发工程师沟通的媒介。交互设计师凭借专业的眼光与经验来评估交互设计的可用性，通过原型可以更好和更深入地检验设计方案。简单来说，就是将界面的模块、界面的元素、人机交互的形式利用模型描述的方法，将交互产品更加具象且生动地表达和呈现出来。原型设计有很多工具，如实物模型、低保真原型、高保真原型等。它既是测试设计的工具，也是沟通的媒介。

一、实物模型

实物模型是使用一些实物元素来表现实物形状或者情境等，用以阐述设计想法或者创意理念。实物模型可以是比例模型或与实物大小一样的模型。如果该模型已经实现某些功能，那么在创建实物模型时也能充当原型，用来表达设计概念，也可以测试与评估其设计方案。设计师可以根据实物模型来收集用户的意见及回馈。

实物模型因其直观和准确的特性，在交互设计领域起着不可或缺的作用。交互设计师以制作实物模型为出发点，在多次推敲和修改设计方案的基础上，实现对设计方案的优化。此外，交互设计师也可以借助实物模型向非专业人士介绍其设计方案。由于二维平面并不能完全有效地表现三维形态及其设计内容，因此可以通过三维立体实物模型实现对二维设计的补充。可见，实物模型为交互设计师提供了一个立体、全面的展示平台，有助于交互设计师进行深入分析和研究，识别设计过程中的缺陷或不足之处，持续优化设计方案。

二、低保真原型

（一）纸上原型

纸上原型是低保真原型的一种，虽然很粗糙，但通过纸面的转换能够得到用户系统真实的需求反馈，且允许多次评估和迭代，从而达到改善设计方案的目的。纸上原型的优点有：①初期就可以被经常应用；②易于创建，使用成本低；③从纸上原型中可以初步看出设计思想；④技术要求不高，不需要特殊知识，任何小组成员都能创建。但是，其缺点也是不容忽视的：①纸上原型不是全方位交互式的；②不能计算响应时间；③不能处理界面问题，如颜色和字体大小等。

表面粗糙、保真度不高的纸上原型，旨在评估用户对界面功能及交互流程的感受和反馈。为了确保设计方案的完整性，屏幕及其他界面元素的变化都应该被清晰地绘制出来。在进行测试的过程中，设计师应向用户展示第一页的“纸屏”，并指导用户完成特定的任务。设计师可根据用户完成特定任务的情况，识别并解决相关问题。在进行纸上原型的测试时，每次都需要准备一张纸。一张纸具体是指一个窗口、一个菜单或者一个动作等。用户通过手指点击确定想要链接的功能选项，每次点击都会使纸屏发生变化，这代表了一个交互过程。如果打算测试新加入的元素，那么在开始测试之前，需要预先准备好相应的纸上原型。

纸上原型测试对早期阶段的用户分析，以及对设计团队与目标客户的沟通与协调起着重要作用。设计团队通过观察和测试纸上原型会发现设计存在的问题，能帮助设计师理解用户的思考过程。这种低保真原型测试的方法对用户界面设计非常有价值，且效率较高，同时也会让客户对最后的设计方案充满信心。

（二）线框图

线框图是低保真原型的一种，是一种静态的呈现方式，设计师通常使用纸笔来表达自己的想法，只要能明确表达内容大纲、信息结构、布局、用户界面的视觉及描述交互行为即可。就像建筑蓝图一样，主要描述该如何建造建筑。绘制线框图的重点就是要快，并且明确表达自己的设计想法。它不是美术作品，无须过多的视觉效果，黑、白、灰通常是它的经典用色。

通过线框图的轮廓，可以测试用户界面各个组成部分的功能，以及计算机编程和视觉传达等问题。操作时，将界面勾画在纸上，其中可能不涉及品牌或形象要素（只有导航标签和标题）。此外，线框图还可以测试设计团队早期的设计构想，以及展示用户界面的逻辑、动作和功能，为设计师在内容和需要方面分别提供对应的指向和链接。这类信息只有成为面向用户的、可用的、直观的界面才能体现其价值，而这一切又都取决于交互设计师及其团队的有效沟通与合作。线框图并不代表界面设计的最终形态，它仅仅是一种确定界面设计内容的手段。设计线框图时，必须考虑到界面的功能布局和各种导航选项，如触摸、鼠标和体感输入等。线框图能够展示视觉层级、导航序列及内容区块的可能框架。

线框图是由方框和少量文字构成的，而无须编写程序代码。线框图仅能表现界面特征的整体感，因此其绘制工作主要依赖于信息构建师。但是，作为设计团队的一员，交互设计师应该及时跟进基于线框的视觉传达设计工作，给出专业性的指导建议，做到代码编写与用户体验需要保持一致，以免为后期设计阶段造成麻烦。在开展设计决策讨论过程中，线框图是传达多种可能设计方案的关键。交互设计师在设计数字媒体全像素比例草图时，可利用线框图来测试用户，实现与用户之间的非正式对话。该方法能够快速测试界面功能，方便后期的视觉传达优化。

尽管线框图不是十分注重美感，但对于标题、页脚、侧栏、导航、内容区块和次链接的全尺寸位置的显示仍然很关键。它还可以强调最终设计需要的要素和变量数目。线框图不是“只需要颜色”的设计，它是一种辅助设计师进行设计修改的有效方法。因为当用户流程确定后，设计师要与信息构建师协商，并帮助其完成能够表现每一屏界面特征的线框图，展现出最终界面需要的设计要素范围。

三、高保真原型

“高保真”并非一个既定的目标，高保真、低保真原型都是一种与用户沟通的媒介。一般来说，高保真原型的制作跟真实产品的一样。高保真原型主要是从两个方面进行研讨：一是视觉效果；二是可用性，包括用户体验。高保真的“高”是以完整的、可为用户服务的交互产品为标准的。交互产品的诸多元素，如目标用户、用户需求场景、信息架构、布局、控件逻辑、尺寸、色调、肌理、风格等，被填充得越丰满，对最终交互产品的“模拟”程度就越高。所谓的“高保真”可以是对外观的高保真，也可以是对交互逻辑的高保真，或者是对计算机程序代码性能、流量消耗的高保真。

因此，高保真原型应该是产品逻辑、交互逻辑、视觉效果等极度接近最终产品的形态，包括原型的概念或想法说明、详细交互动作与流程、各类后台判定、界面排版、界面切换动态、异常流处理等。但高保真原型也意味着大量的资源投入。

通常，高保真原型设计的步骤是：建立控件库—建立组件库—绘制流程图—设计关键页—设计辅助页—故事板—原型注释。

同时，制作高保真原型要注意如下事项，以保证原型设计的高质量、真效果。

①灰度线框图的颜色会干扰视觉设计，效果会影响用户对易用性的判断。

②清晰地展示流程，好的操作流程是易用性的最基本标准。

③关键功能要有故事板，让用户更好、更快地理解交互产品。

④要有注释，图只能展示界面元素，图文并茂才能准确地传达设计思想。

⑤要具有一致性，一致性会降低用户对界面的学习成本。

⑥要具有规范性，好的软件或者界面绝对是规范的，给用户带来有序、有逻辑性的体验。

总之，高保真原型设计所起到的不仅是沟通的作用，更有实验之效。通过真实内容和结构的展示、详细的界面布局及高质量的界面效果，能够了解用户将如何与产品进行交互，体现开发者及交互设计师的创意、用户所期望看到的内容以及内容的相对优先级等。

四、用户模型

（一）用户模型的定义与理论

用户模型也称“用户角色”“人物角色”“人物模型”，是设计师展开交互设计探索的重要工具，是能代表目标用户的原型，也是激发设计团队灵感的一种重要形式。通常会包含某一目标用户群的基本信息，包括年龄、经济收入、职业、生活环境等，重点描述产品在使用过程中的用户目标或使用行为。用户模型包括用户需求、兴趣、期望和行为模式等，其实质是从目标用户研究中获取信息列表，也是设计师为深入了解用户而进行的交互设计。该方法实际上是将抽象设计过程进行人性化处理，帮助设计师为实现对用户有价值的目标，对交互界面进行合理利用，从而获得解决方案。

针对用户的易用性问题，应将“用户模型”概念引入设计流程。用户模型就如同标尺，其为设计师直观认识设计对象、了解交互界面删减或增补标准、把握交互原则繁简趋势等提供了依据，能够确保设计结果的代表性。用户模型的用户是代表一群目标用户并拥有典型特点和行为的虚构性人物，“他”的设定是通过归纳用户调研过程中产生的大量数据，生成一个或者一组具有代表性的模型，即用户角色。“他”在整个设计过程中扮演一个真实的人物角色，帮助设计师改良用户体验。

用户模型是经过归纳总结后抽象出来的，是这个目标用户群体的表征，实际上并不存在。虽然用户模型不是具体的某个用户，但是它的内容是由观察、记录真实用户的行为和习惯综合产生的，是真实人物的映射。所以，用户模型重点关注的是目标用户群体的显在需要和潜在需要。通过构建用户模型以及用户的目标和行为特点，能够帮助设计师分析需求和设计交互产品。

对设计师而言，清楚地了解用户“要做的事及其原因”才是设计产品或者服务的关键所在。通常，设计师是在对目标用户进行深入分析的基础上，逐步认识或洞察用户使用行为或倾向的。也就是说，设计师要做到以了解目标用户为必要前提，进而逐步提炼用户需求，构思并设计交互产品。但是，由于研发进程不断进行，设计师对于用户的理解程度会伴随设计过程的推进而逐渐降低。当然，这点也与设计师甚至决策者反复修改设计方案或调整产品方向有关。

从实际来看，用户往往是复杂的、多变的，而设计师如果不能设计具体的、强有力的目标用户表达形式，那么就很可能出现按照个人想法设计交互产品的现象。这种“闭门造车”式的方法会使设计师忽略目标用户特征。这就表明，设计师需要将值得信赖和容易理解的用户模型贯穿于整个设计流程中。用户模型应是清晰的图像，设计师可以借此分析、把握用户的需求。总之，用户模型对开发周期是具有指导作用的。

欧美国家的设计师对用户模型进行了许多研究并获得了成果。设计师约翰·

普瑞特（John Pruitt）和塔玛拉·阿德林（Tamara Adlin）提出过“人物角色周期（Persona Lifecycle）”的概念，他们认为设计人物角色（即用户模型）应该遵从与人类的出生和成长相似的五个阶段：计划、构思与孕育、诞生与成熟、成年、获得成就与退休。他们强调应将人物角色的作用植入整个设计。实际上，在紧张的交互产品开发中，很难有团队严格按照以上的五个阶段使用用户模型，也就很难发挥它的作用。

与普瑞特和阿德林不同，设计师阿兰·古柏则更关注设计，认为应该有一个明确的目标来建立用户模型。古柏强调通过理解用户的目标和动机，探索使用情景并从用户研究数据中获取灵感，最终转化成交互设计思路。

用户模型源于定性研究，比如从访谈和观察产品用户、潜在用户（有时是顾客）中所了解到的行为模式。补充数据可以通过主题专家、利益相关者、定量研究，以及其他可用文献提供的补充研究和数据获得。

通常，用户模型有 6 种人物模型，大致按照以下顺序选定。

①主要人物模型。

②次要人物模型。

③补充人物模型。

④客户人物模型。

⑤接受服务的人物模型。

⑥负面人物模型。

（二）用户模型具有的优劣势

用户模型能够帮助设计师探索用户不同的使用方式及其对设计的影响。它是一种好的沟通媒介，能够帮助设计师创造出满足用户可用性需求的交互产品。它的优点有：①创建角色比较迅速、容易；②为所有团队成员提供一致的模型；③很容易与其他设计方法结合使用；④使设计师的设计更符合用户的需求。

但是，用户模型也有缺点，比如：①可能会有太多角色，使设计比较困难；②角色创建中加入设计师个人无根据的假想可能会给设计带来问题。

总之，用户模型是围绕用户进行数据调研，根据多方面的考察建立的可以用来测试沟通的模型。通过这个模型，设计团队成员可以频繁交流并不断完善设计方案。

（三）构建用户模型的流程

用户模型用于描述用户的交互行为过程、认知过程及所需要的系统条件。用户的感知、思维、动机、态度、行为等方面都可能影响用户任务的完成过程。用户模型以用户为核心，如同许多模型一样，它建立在对现实世界观察的基础上。

一个用户模型包括以下 7 个活动要素：主体（活动的执行者）、客体（被操作的对象，指引活动方向）、结果、工具（客体转换过程中使用的心理或物理媒介）、规则（对活动进行约束的规则、法律等）、共同体（由若干个体或小组组成，对客体进行分享）、分工（共同体成员横向的任务分配和纵向的地位分配）。这 7 个活动要素可以组成四组"子活动三角"（见图 4-6），反映了一个交互产品或交互系统的不同层面。

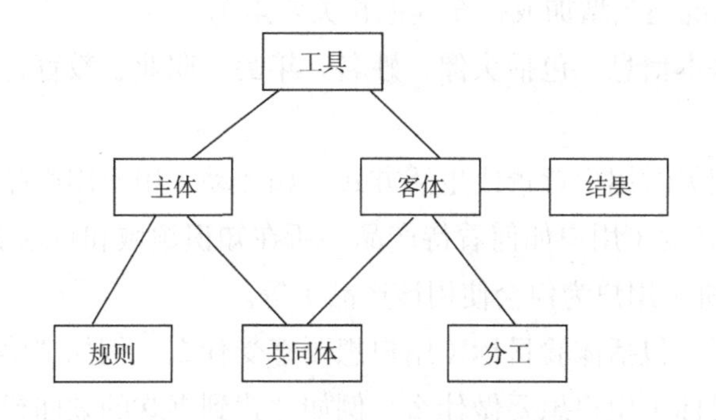

图 4–6　用户模型与活动要素的关系

在与用户对话的过程中，针对问题连续问"五个为什么"，可以很好地引导用户去探究和解释他们的行为或者某种态度的深层原因。这里的"五"并不是指数字五，而是反复提问，直到找出根本原因。这种方法用于探究造成特定问题的因果关系，其最终的目的在于确定特定缺陷或问题的根本原因。

1. 收集用户数据

收集用户数据，关键在于类别区分。该过程与用户市场细分有相似之处。市场研究中所指的用户市场细分，通常是将人口统计特征（如性别、年龄、职业、收入及消费心理等）作为分析消费者购买产品意愿的依据。

2. 细化用户模型

用户模型要包括一些可用于定义的关键信息，如目标、角色、行为、标签、环境和典型活动。细化用户模型包含以下两方面内容。

一是用户模型的名字。没有名字的用户模型是冰冷的、数据化的，名字一方面能够减轻组内成员记忆的负担，即让人们一提起这个名字就能想到这个用户模型；另一方面也能够起到标签化的概括作用，便于更好地理解。

二是人物照片的挑选。挑选照片是一个比较主观的过程，是为了能最大限度地反映人物特征。

3. 验证用户模型

验证用户模型的方法就是把与用户模型相匹配的目标用户集中起来，进行一次焦点小组访谈，通过观察和问答的方式，直接获得用户反馈。当条件允许时，可以通过上门访问的方式，亲自观察、访谈，获知用户在现实中的工作和生活状态，将所获得的信息反馈来作为检验用户模型的标准。

总之，设计师在进行用户模型定义时，一般关注以下几个要素（当然，设计师可根据实际情况适当增加或扩充其他相关要素）。

①用户的基本信息。包括头像、姓名、年龄、职业、教育背景、性格、与其他角色的关系等。

②与产品相关的用户背景或生活方式。如活动（用户用产品做什么，频率和工作量如何）、态度（用户如何看待产品、所在知识领域和技术）、能力（用户的学习能力）、动机（用户为何会使用该产品）等。

③用户目标。包括体验目标（用户想要感受什么，例如“感觉很舒适，有控制力”）、最终目标（用户想要做什么，例如“找到喜欢的歌曲或音乐专辑”）、人生目标（用户想要成为什么，例如“让周围的人喜欢并尊敬自己”）。

④面临的困难。如该如何解决温饱型用户模型。

⑤主要任务。如改善伙食、查找附近的餐馆等。

⑥日常行为描述。

综上所述，对于“用户的行为如何？他们怎么思考？他们的预期目标是什么？为何制定这种目标？”这些问题，用户模型给设计师提供一种精确思考和交流的方法。用户模型并非真正的人，而是源于众多真实用户的行为和动机。它建立在调查过程中发现的行为模式基础上。

用户模型，让设计师理解特定情境下用户的目标，是构思并确定设计概念的重要工具。用户模式决定了用户对产品的理解方式是否易学易用。设计师创建用户模型的目的就是尽可能减少主观臆断，了解用户的真正需求，从而更好地为不同类型的用户服务。为了更好地创建用户模型，设计师要注意以下5个方面：①用户模型的第一信条是“不可能建立一个适合所有人的交互产品”。成功的商业模式通常只针对特定的用户群体，故要有针对性地创建用户模型，以便设计师确定交互产品的功能和用户行为。②用户模型要能引起共鸣，令人感同身受，以便利益相关者、开发人员和其他设计师顺利交流。③促成意见统一，达成共识和承诺，帮助团队内部确立适当的期望值和目标，一起去创造一个精确的共享版本。④创造效率，让每个人都优先考虑有关目标用户和功能的问题。确保从开始就是正确的，为设计者尝试解决设计难题提供有力的现实依据。⑤带来更好的决策。

五、场景模型

场景是指对用户模型在使用产品的具体情境下的行为模式的描述，包括用户模型的基本目标、任务开始存在的问题、用户模型参与的活动及活动的结果。场景可以分为文本型和图示型，使用较为广泛的是文本型场景描述。由于场景与角色关系密切，所以通常场景描述和用户模型可以合并在一个文档中。

图示型场景适用于新产品或新概念等项目的生产过程，该方式可使设计师深度把握概念或产品的应用环境，识别并进一步优化设计过程存在的缺陷，将产品功能及其设计概念准确传达给用户。故事板是图示型场景的一种表达方式，通过文字和图形描绘出网站或软件的交互场景。故事板重视任务流程的图形化表示，能够帮助设计者了解软件如何工作。与抽象的描述相比，这种方式更加直观且成本更低。

（一）场景剧本法

场景剧本法（故事板）是将某种故事性的描述应用到叙述性的设计解决方案当中，主要是模拟用户在使用中遇到的各种问题，在小组讨论中建立一个理想化的设计使用场景，以此来推敲出设计方案应该具有的接触点、服务流程、功能等。

故事板最初源于电影行业，早在 20 世纪 20 年代的时候，迪士尼工作室就常常用故事板来勾勒故事草图。这些草图让电影和动画工作者可以在拍摄之前，初步构建出想要展现的世界。对于交互设计师而言，故事板同样非常有用，产品的使用场景，用户的交互流程，都可借由一系列连续的插画形式呈现出来。故事板有如下特征。

第一，人本设计方法。交互设计师根据已有的数据，同时结合已融入的用户模型，将整个产品流程设计成为品牌故事，从而做到直接“面向用户”进行设计，为用户提供对应的解决方案。故事板为设计师提供了深入了解场景、可能的语境和有待测试的假设的机会。

第二，参加相关的评论。故事板的设计活动是建立在团队合作之上的，每一位设计师都有机会参与其中，获得宝贵的信息和素材，并对其进行完善。与电影行业类似，设计场景需要每个团队成员都积极参与讨论，并提供宝贵的意见与建议。这使设计团队更容易理解用户的体验，并使设计团队能够紧密围绕用户需求构建体验设计方案。

第三，不断地进行迭代。故事板是通过不断地迭代来逐步完善的。以插画所描绘的概念设计和交互，为设计师开展低成本测试和探索提供了可能。不可否认，故事板起初是较为粗糙和简单的，因此需要设计师在不断思考和尝试中对其进行完善。

为了更好地运用故事板创造出好的交互设计，故事的结构就显得非常重要，要将一个故事视觉化地呈现在用户面前，设计师还需要做一些准备工作让故事板有逻辑、易于理解，且具有说服力。设计师需要了解故事的基本元素，并且将其解构成不同的模块，才能让其以令人信服的方式呈现。每个故事都应该具有以下几个基本要素：①角色，即故事中所涉及的具体用户角色。他们的行为、外观和期望，以及在整个流程中所做的每一个决定，都非常重要。展现角色在整个流程中的体验、内心的想法和决定，都是故事板所需要解决的。②场景，即角色所处的环境。③情节。许多设计师在进行设计的时候，会跳过步骤的前后联系、使用场景和基础的设定与流程，直接进入细节设计，这样做很容易出现问题。故事应该拥有基础架构和剧情，有起因、经过、结果。所以，在故事版当中，应该给所设定的角色一个目标，有一个触发事件，通过执行，完成任务，或者阶段性地结束任务，并为角色留下新的问题。

故事板是传统交互设计方法的重要补充工具。通常，原型设计仅仅局限于屏幕环境的设计，忽略了屏幕之外的使用情境，故事板绘制的关键使用场景，有利于设计师理解屏幕之外的用户目标和动机。

（二）场景模型的作用与流程

通过场景模拟用户的使用过程，以图片、文字、视频等多种方式作为脚本，通过小组成员的想象增添细节，从用户的使用过程中发现问题，推敲获得解决方案。通过多种场景的模拟，从用户模型的角度来设计最理想的使用流程。通过与现有产品的使用流程来分析总结用户期望，定义用户需求。在得到用户需求后，将其拆分成对象、动作及情境，最后完成设计框架。在设计的整个过程中，随时将设计带入场景之中，通过迭代设计不断完善产品的设计框架，弥合用户模型和产品需求之间的鸿沟。场景的搭建是为了发现用户可能遇到的问题并解决问题，从而发现需求，然后根据这个需求在模拟的场景中进行进一步设计。

设计师通过场景叙述的方式将任务“情节化”，从而挖掘出用户的真实需求。场景描述的技巧在于体验用户在产品使用过程中的各种情感，然后再从设计师的角度提炼出问题的根源和解决方案。

设计师进行场景描述的具体流程包括以下 4 步。

①背景描述。设计师需要将之前调研和推导所获得的各种数据描述出来。

②勾勒场景。经过团队的头脑风暴分析，可以大致地找出一些待选的“使用者地图”，即用户使用产品或者遭遇困难的情景。

③确定需求。在整理场景方案时，设计师需要逐一提取人物角色的需求，这些需求包括对象、动作和情境。

④设计师将多样化的故事串联到一起，形成产品的使用情节。

情节是故事逐步展开的线索，层层推进的情节能一步步地分解出产品的使用需求，指明设计方向。通过场景剧本，提出设计需求，为场景内出现的意外、问题提供解决方案。也就是说，在这个场景中依次出现的产品功能、服务流程、用户模型为设计提供了需求框架，使更具体的方案得以展开。

第五章　交互设计在不同领域的应用

本章讲述了交互设计在不同领域的应用，包括四部分内容，分别是交互设计在广告传播中的应用、交互设计在中国传统绘画传播中的应用、交互设计在室内空间设计中的应用、交互设计在绿道景观设计中的应用。

第一节　交互设计在广告传播中的应用

一、交互设计在广告传播中的作用

（一）符合受众的心理需求

相较于传统的单向传播模式，双向交互传播模式更能满足受众的心理需求。随着媒介技术的进步、体验经济的崛起和受众需求的上升，交互设计在广告传播领域展现出了其独特的优势。交互体验式传播不仅为信息和内容带来了丰富性，而且更加符合受众的心理期望，从多个角度满足了受众对求新、求趣和求奇的需求。在广告传播领域，应用交互设计旨在缩短广告与目标受众之间的心理距离，有效地捕捉受众的心理需求。通过这种独特的交互形式，可以改变受众对广告的抵触情绪，并通过使受众产生情感共鸣来实现受众的心理预期。

1. 求新心理

在求新心理的驱动下，受众会对新奇事物表现出浓厚的兴趣。这种新颖的交互形式打破了传统的模式，激发了受众对新奇事物的探索和追求，这正是交互形式的独特之处。

2. 求趣心理

当前，娱乐文化的快速崛起，激发了受众对于既有趣又具有娱乐性的内容的浓厚兴趣。在这一背景之下，交互设计应运而生并得到迅速发展。交互设计采用了诙谐和幽默的交互手法，为受众提供了与众不同的娱乐体验，并通过情感的起伏增强了受众的记忆深度。

3. 求奇心理

对新事物的好奇和探索是人类固有的行为倾向。交互设计正是迎合了这种需求，将互动体验引入广告创意中，使消费者与产品之间形成双向沟通。捕捉并利用受众的好奇心，创造能激发受众好奇心的交互点，使受众对广告内容产生足够的关注。在交互设计中，如何将这种“好奇心”转化为有效需求和消费行为成为一个重要课题。

通过对受众心理的分类和分析可知，在心理因素的推动下，受众的心理状态会经历从认知到情感再到行动的转变。当这种变化达到一定程度后，受众将不再满足于信息传递本身，而更愿意参与到信息传播活动中来。因此，当受众在追求新奇有趣的初始知识时，其自身的情感和行为就会发生转变，交互过程会对受众产生多种影响，并遵循 AIDMA 法则（见图 5-1）。

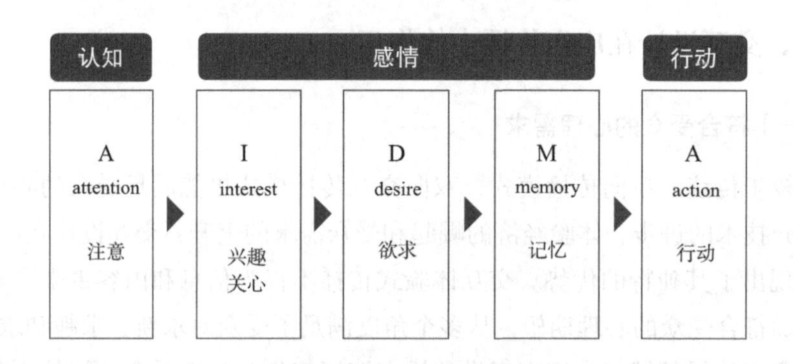

图 5-1 广告的 AIDMA 法则

（二）传播效果十分显著

广告效果，即广告作品或广告活动对广告受众的具体影响。在相关文献资料中，广告传播效果也包括广告销售效果，这是因为广告传播效果会直接触发广告销售行为。与传统广告传播重在关注广告销售效果不同，现代广告传播更加注重广告传播效果。通常，广告质量是影响广告销售效果的关键因素。当广告传播媒介投放趋于多样化且广告传播内容贴切广告受众心理时，广告传播中的交互式设计就会更加具有说服力，为广告受众留下良好的印象，并与之建立良好的沟通关系，进一步推动消费行为的形成。

（三）传播内容更加多元化

由于传统传播媒介的单一特性，广告传播在内容方面存在一定的局限。然而，新媒体的崛起促使多种媒介共存的现象得以形成，这为广告传播内容提供了更广阔的发展机会。交互技术为多种媒介的综合应用提供了可能，使媒介呈现的内容也更为多元化。对受众而言，其可以借助肢体、五官和语言等参与交互过程。虽然广告的种类和广告的交互设计形式有所不同，但是广告本身能够从各个角度与受众产生互动，而交互设计人员和广告受众也能够从中捕捉广告所传达的信息，强化广告受众的参与度和体验感。由此可见，广告传播的内容具有暗示作用，其能强化受众对于广告品牌的印象，从而提升广告的内在价值。在广告传播领域，交互设计的应用及其未来的发展空间是无穷尽的。

二、交互设计在广告传播中的注意要点

（一）媒介选择要合理

媒介充当广告与受众交流的中间介质。因此，广告传播中的交互设计应以广告内容及受众参与意愿选择媒介，并有效整合媒介资源。在广告传播过程中，不同的交互媒介所呈现的效果和价值是有差异的，即使是相同类型的广告，如果选择了不同的传播媒介，其最终呈现的内容和形式也会有所不同。因此，设计人员不能仅凭个人主观动机选择媒介，而应根据媒介的独特优势进行选择，有效地利用媒介可以实现出乎意料的效果，这将直接影响广告的最终效果。以流动车体类广告为例，其交互形式仅限于平面视觉交互，这是因为车体自身具有持续流动的特性。如果加入动态交互形式，可能会对受众的视觉体验产生一定的压迫感。媒介在传播信息、受众互动及接收反馈方面发挥着重要作用，因此设计人员在选择广告时，更应考虑广告是否能达到预期效果。在广告传播过程中，盲目地进行无目标的传播是没有实际意义的，这可能导致广告成本的过度消耗和媒介的不恰当使用。

（二）场地选择要适宜

在解决传播过程中出现的媒介问题后，场地问题在大型交互广告形式中就成为必须考虑的问题。结合已有的案例不难发现，交互广告多出现在人流量较大的商业街区或城市广场中。此外，由于商业街区或城市广告具有较为广阔的交互空间，受众在参与交互过程中可以不受空间的制约。人流量较大和交互空间便利，有助于进一步提升广告传播效果。但是，如果缺乏电力技术设备等基础设施的支持，同样会影响广告传播效果，而这一点在商业街区或城市广场中则较为少见。对于确需在户外传播的广告，则应该选取与之相对应的户外传播媒介。总之，不同的场地适合不同的传播方式，合理选择场地是实现精准投放广告、提高广告传播效果的关键影响因素之一。

（三）设计过程要合理

广告传播过程中的交互设计，既要考虑媒介投放方式和场地选择等因素，也

要考虑交互设计过程中存在的材料、视觉等问题。材料触感能够增加受众在参与交互过程中的真实体验感，强化受众的记忆知觉。但是，不能盲目地使用广告交互设计材料，否则就会出现喧宾夺主的局面，导致受众难以真实地体验和理解广告内容。广告交互设计过程中的视觉问题，具体是指对广告内容的布局编排，使其体现出主次关系。广告布局编排合理得当，可以为受众带来良好的视觉体验，增加受众的记忆认知；反之，则会使受众产生审美疲劳感，使受众对广告的印象大打折扣，影响广告传播效果。因此，交互设计人员应根据主次轻重关系合理解决材料、视觉等问题，有效地将广告内容及其信息传达给受众，实现广告传播效果的最大化和最优化，强化受众对广告的情感共鸣。

三、广告传播中运用交互技术的方法策略

（一）交互形式应简洁明了

如今，交互技术在不断更新和发展，交互技术与广告传播的融合应用成为实现与受众沟通交流的一大趋势，也是实现广告传播效果最大化和最优化的有效手段。在快节奏的生活方式下，受众的审美需求正在悄然发生变化，一些追求自然、简洁及生活化的交互设计形式逐渐引起受众的关注。部分受众会对交互形式过于复杂化或交互点过多的广告产生抵触情绪，进而产生对广告品牌及其产品的抵触。举例来看，“拼多多”作为当前较为热门的购物平台，其采用多种营销手段成功吸引了大批新用户注册。可以说，正是由于“拼多多”能够抓住受众的既得利益心理，要求受众通过分享活动链接和拉拢新用户来完成任务，因此才能实现最大化的广告传播效果。但不可否认的是，也有部分受众在参与交互过程中（如多次点击分享链接邀请好友助力实现任务等）会产生厌倦情绪。

简洁明了的交互设计形式，可以使受众及时获得所需的广告内容与信息。因此，为避免受众在参与交互过程中产生厌倦情绪，交互设计人员应尽可能地简化交互过程，以 1～2 种交互形式为主。

（二）突破平面的视觉束缚

当前，包括海报、LED 屏幕等在内的广告传播方式，使广告的呈现形式趋于多样化、广告传播的内容更加多元化。交互设计人员可利用相关技术拓宽广告传播形式，由平面广告传播转为立体广告传播，为受众营造全新的广告使用空间，

从而使受众获得不同寻常的广告视觉体验。此外，新技术的应用也使广告交互传播的形式、内容更为丰富多样。例如，OUTPUT 团队和百事联合发布的广告，采用 LED 屏和裸眼 3D 技术使广告内容更具有交互性。该广告画面中弹出的饮料瓶，带给受众以新奇的视觉体验（饮料瓶跳脱屏幕），从而强化了广告交互传播效果。因此，交互设计人员可利用相关技术实现对平面广告的创新转换，对其进行重新排列布局，达到突破平面视觉束缚的传播效果。

平面广告传播的信息内容难以完全满足受众的心理需求，由此催生了一种基于实物体验为主的广告传播形式。真实的触感往往能给受众带来直观的感受和直接的情感体验，而电梯广告恰好能够做到这一点。电梯空间是狭小、密闭的，当受众在乘坐电梯时会不时地关注电梯中播放的广告。例如，淘特 App 的实物盲盒电梯广告，其主题内容是实物展示，各个电梯滚动播放的实物商品广告各不相同，受众在乘坐不同电梯时也会看到各不相同的广告实物推送，由此提升了广告的交互传播效果。

（三）营造良好的交互氛围

要想吸引受众参与交互过程，交互设计人员就需要营造与交互主题相关的氛围，并通过构建场景化交互环境来激发受众的情感共鸣。良好的交互氛围如同强大的磁场，带给受众磁石般的吸引力，打破了传统的固定传播模式，帮助受众迅速融入这种氛围中。但是，这种交互氛围是建立在交互设计形式基础之上的，要求具有空旷和封闭的空间。为此，交互设计人员应形成人性化的设计思维，准确把握受众的心理及行为，据此推断受众在参与交互过程中可能遇到的问题，以此提高受众的交互体验感。举例来说，2021 年 3 月 6–7 日，雀巢在北京王府中环商场中庭开了粉色樱花主题的快闪店。这家快闪店内部设有摄影区、樱花飘落感应区、休息区和咖啡区。当消费者走进樱花摄影区，其一旁的装置就会自动感知，此时樱花藤下的樱花花瓣便会缓缓飘落，这为消费者带来了不一样的消费心理体验，能够相应地提升消费者的消费意愿。因此，通过营造良好的交互氛围可以增强交互传播效果，提升广告产品及品牌的曝光度。

（四）虚实结合的方法策略

广告传播中的虚实结合策略可以增强广告的真实感和说服力。个体与虚实之间的差异转换，是激发受众审美趣味的内在逻辑。所谓虚实结合，是指通过虚实空间的重叠和扩展，或是通过现实材料的肌理和虚拟内容的结合，以此构建和谐美观的广告内容。虚实结合是提升受众视觉审美感知的重要手段，有助于激发受众在视觉方面的联想，吸引受众的注意力。在广告传播中运用虚实结合策略，受众在肢体上产生的真实触觉会与其在视觉上形成的审美感知相结合，此时广告传播就具有了一种难以言喻的说服力，能够“操纵”受众，激发受众的好奇心，使受众不知不觉地参与交互过程。当受众的真实触觉与审美感知存在差异时，受众首先会感到惊讶，然后会选择再次尝试，并将获得的感受同他人进行分享，传播效果也便获得发展。2019年，山东博物馆向公众展示的交互设计作品《天机巧》（见图5-2），正是基于虚实结合的方法策略成功“操纵”受众的。当受众接触水面时就会自动触碰红外线感应装置，此时投影就会在水面上投射出荷花、小溪和小蝌蚪等水墨图案。但是，金鱼却并非通过投影产生的，而是真实存在的，部分受众误以为金鱼也是通过投影产生的，于是，当受众触碰水面去感受真实存在的金鱼时，会情不自禁地发出惊叹之声。

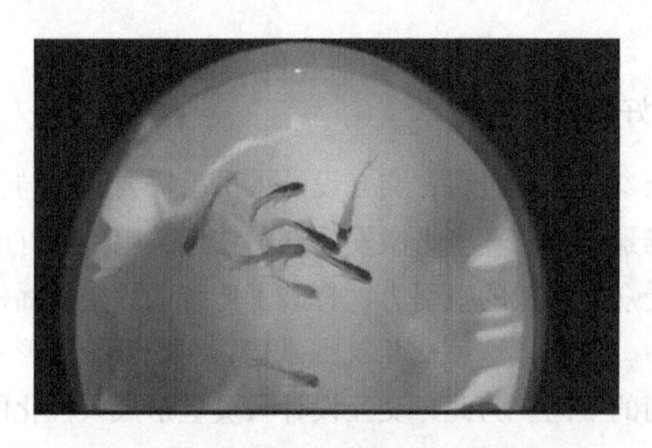

图5-2 山东博物馆展出作品《天机巧》

第二节 交互设计在中国传统绘画传播中的应用

一、交互模式在中国传统绘画传播中的体现

（一）古代绘画

1. 交互媒介

古人虽然物质生活水平有限，但是却拥有丰富的精神世界，而表达精神思想的载体就是诗词歌赋、琴棋书画。例如山水画，我国古代的山水画家注重寄情于

景、托物言志，山川美景也就成为其情感精神寄托和形成创作灵感的源泉，由此创作出具有独特意境的画作。在宋代，郭熙创作的《林泉高致》就运用了“三远”透视法，即“自山下而仰山巅，谓之高远；自山前而窥山后，谓之深远；自近山而望远山，谓之平远”[①]。该创作手法与当今的“三维”理念有相似之处。事实上，古人会以意象化的手法表达对所见所想事物的主观情感，这同样与当今的交互设计理念有相似之处。再如张大千创作的写意山水画，其精妙之处在于运用写意手法使画作中的景色更具表现力，同时也体现了作者本人创作时的心境。正是因为画家能将个人的情感或思想跃然于纸上，才使画作更为别具一格。张大千的写意山水画于细节之处显气势，具有独特的艺术表现力，如《仿宋人山寺图》就是其写意山水的得意之作。该幅画作于抗日战争胜利之后，张大千将瀑布置于画面中心，茅亭草阁则置于画面两侧，画面中的老树枝叶若隐若现，瀑布从悬崖直泻而下，瀑水在桥下潺潺流淌，而靠在栏杆的雅士则欣赏着瀑布的美景，整幅画作颇具意境，蕴含着作者的创作情感。在《峨眉接引殿》这幅画作中，张大千更是将个人情感寄托于山川美景中，以山水为画作中心，以大青绿为主色调，而后又加入朱砂、石青、石绿等色调，由此使画面形成强烈的视觉对比效果，富有装饰性和感染力（见图 5-3）。可以说，张大千的画作充满了他本人对时局的理解以及对风景的印象特征。

图 5–3 《仿宋人山寺图》（左）、《峨眉接引殿》（右）

① 卢辅圣主编：《中国书画全书》（第一册），上海书画出版社 1992 年版，第 500 页。

2. 交互形式

古时的画家所做的画作蕴含着个人的思想情感，一旁的行人则是驻足欣赏和体会，因此这一视觉交互形式是单向性的，画家（信息传播主体）与行人（受众）的关系是单向性的传者与受者的关系，二者之间的信息传递会受到时间和空间的限制，导致信息无法全面准确地传递。从这一点来说，我国古代绘画作品的传播与交互具有一定的局限性和制约性。

（二）近代画册

1. 交互媒介

伴随印刷技术的革新，传统的绘画作品被印制成册并批量发行，这也推动了中国传统绘画作品的传播进程。但是，起初的传统绘画作品册（集）出版量较少，这是由于当时的印刷形式主要为雕版印刷，印刷的速度和质量仍有所限制。之后，我国在引进照相制版技术后，传统绘画作品的印刷工作才步入正轨阶段，大量优秀的传统绘画作品经过传播融入民众的日常生活中，传统绘画的受众群体规模也在逐步扩大。我国近代历史上第一份具有影响力的新闻画报为《点石斋画报》，其内容之丰富、选题之新颖，真实再现了我国清晚期各阶层的生活方式、思想观念和社会变革。该画报的内容大多是出自作者之手的实物绘画作品，然后又经批量印刷传播至民间各阶层群体，在一定程度发挥着思想启蒙的作用，也为传承传统优秀绘画作品做出了相应的贡献。

2. 交互形式

印刷技术的革新使我国传统绘画作品的传播方式及交互形式发生了新变化，传统绘画作品的传播主体与接受群体的关系也由单向性逐步向互动性转变。民间受众欣赏传统绘画作品不再限于视觉交互层面，其可以通过触觉交互真实感受传统绘画作品的材料质感。此外，新的交互形式也能提高信息传播效率，强化传播主体与接受群体的互动关系，为作者之后调整优化传统绘画作品的创作内容、创作方向等提供灵感。基于传统绘画作品册（集）展开的交互设计，能够丰富画册（集）的视觉美感及亮点所在，使其更具特色，为受众带来独特的审美感受，提高出版发行量。总之，新的交互形式打破了传统交互形式时空传播的局限性，进一步促进了中国传统绘画作品的传播进程。

（三）现代虚拟现实

1. 交互媒介

当前，传统绘画作品的传播载体更为多样化，包括纸张、手机、电视、互联网和 VR 等。其中，基于 VR 传播的传统绘画作品受到广泛青睐。VR 利用计算机仿真系统建立并体验真实世界，又是融合多种信息的交互式三维动态仿真技术。例如，高校可利用 VR 技术对我国的传世名画《汉宫春晓图》做交互处理（见图 5-4）。该幅画作描绘的是画师毛延寿为王昭君作画像的宫廷场景，其间还穿插有文人雅士、宫廷侍女等人物群像，具有极高的艺术价值。基于此，高校可利用 VR 技术对画作中的宫廷场景做创新处理，融入新的故事场景和情节，以交互形式为其注入新的生命力，从而为更多受众所青睐、认可，使更多受众能够身临其境般地感受中国传统绘画作品的魅力。

图 5–4 《汉宫春晓图》VR 演绎

而今，元宇宙已成为备受各国民众瞩目的话题，进一步激发了 VR 产业的活力。从用户需求角度分析，我国多个产业也都纷纷投身于 VR 游戏和 VR 影视领域。VR 技术的快速普及，使受众对 VR 技术产品的需求成为一种不可逆转的趋势。此外，5G 技术的加速推进，更是助力了 VR 产品的优化和革新，这为中国传统绘画作品的交互式传播提供了强有力的技术支撑。

2. 交互形式

虚拟性是交互形式的显著特征。如今，趋于多元化的交互形式更能有效调动用户视觉、听觉、触觉等感官，并借助屏幕、环幕和立体屏幕等传播载体进行交互呈现，受众则完全沉浸在虚拟交互环境中，获得了良好的沉浸式交互体验。由此可见，新的交互形式打破了受众对真实世界的固有认知。基于电视、电脑和手机等媒介工具传播的内容，具有集多种视觉元素为一体的交互传播特点，能在最大限度上调动受众的视觉感官，强化受众与交互设计的互动性及参与感。现代的VR技术和全息影像是将虚拟世界与真实场景相结合，致力于为受众提供更为沉浸式的体验。重新打造的真实场景以一种全新的表现形式赢得了受众的青睐，受众可以直接走进各种真实场景中与周围的环境产生互动，并亲自参与创作过程，由此强化了受众的沉浸式交互体验感。在沉浸式交互形式中，受众既是表现内容的传播者也是表现内容的参与者，其可以自主探索、选择和体验更为多元化的表现内容。因此，当新的交互形式与中国传统绘画传播融合时，不仅为传统绘画的呈现方式带来了新的创意，同时也为中国传统绘画的传承与推广注入了强大的动力。

二、交互设计在中国传统绘画中的优势

我国传统绘画蕴含丰富的图像艺术元素，其中更是有相当多的视觉元素。因此，我国传统绘画的交互式设计与传播有着广阔的空间。如今，需要科学合理地利用先进的数字技术传承优秀传统文化，使其成为民族乃至国家的精神财富。传统绘画属于传统文化范畴，借助数字技术实现传统绘画的现代传承，必然要对传统绘画展开交互设计，使其与更多受众群体产生互动。基于我国传统绘画展开的交互设计，可以积极利用精细化处理工具及图像处理技术，赋予传统绘画影像化内涵，使传统绘画从最基本的物质形态转为富有生命力的数字形态。这样不仅能提升传统绘画的艺术审美价值，而且还能使更多流失海外的中国传统绘画作品以数字形态回归，从而填补我国对传统绘画领域研究的空缺，为保护和传承中国传统绘画作品提供关键支持。数字绘画是将数字技术应用至绘画领域，从而形成的一种新型艺术表现形式，其颠覆了传统绘画创作与传播的方式方法。

数字绘画分为两大类：一类是将计算机作为创作工具，由人进行主观艺术创作；另一类则是基于人机交互进行艺术创作，再通过计算机语言进行呈现。前一

类与传统绘画并无本质区别，其主要是依赖特定的媒介和创作者进行绘画创作，亦即利用一种全新的媒介来创造新的图像语言，这实际上是对传统艺术语言的全新解读，并不能准确地称为数字绘画。后一类是依据计算机算法生成模式，将创作者的创作理念、艺术主题和技术画法等进行数字化转换，是新型的艺术创作表现形式。

综合而言，数字绘画是一种依赖计算和信息的艺术表现形式。数字绘画蕴含的复杂性，反映了创作者思维的深度和复杂性，数字绘画表现的画面形象更多的是人对思想的深度表达。所以说，数字绘画是一种非常重要的艺术表现形式。随着科技的不断发展，数字绘画的应用领域趋于广泛，从工业设计到建筑、汽车、家具等各个领域都可以找到它的身影。与传统绘画相比，数字绘画的价值和震撼力都不逊色。以数字绘画为支撑的动漫影视市场表现也非常好，如《功夫熊猫》《西游记之大圣归来》等都获得了巨大的成功。

三、中国传统绘画中交互设计的应用策略

（一）积极转变交互形式

人们对于美的诠释各不相同，对于传统绘画的欣赏方式也有所区别。在欣赏传统绘画作品时，有些人会被作品的色调吸引，有些人会被画家的内心世界吸引，有些人会被作品描绘的美丽景色吸引。但无论怎样，欣赏者都可以从作品中感受作者的内心情感，从而产生审美联想。经典绘画作品大部分都珍藏在博物馆中，在数字化表现形式发生改变的情况下，很多经典绘画作品通过现代技术来进行展示，这样会使作品更加生动形象。

1. 交互形式要日常化

传统绘画经数字化处理并加以表现后，成功缩短了艺术与受众之间的距离。早在 2011 年 2 月，谷歌就上线了首批线上博物馆，其中第一期主要展示了来自 9 个国家的 17 座博物馆珍藏品。而其用户访问人数仅在一年时间就达到了卢浮宫、大都会博物馆和大英博物馆的访问人数的总和。与此同时，我国的博物馆也在积极推出线上展览服务，如敦煌石窟实施的“数字敦煌”概念，就是由工作团队负责全方位、立体化收集敦煌文物信息，然后将收集的数据进一步进行图像和视频处理，并利用 3D 技术创建“数字敦煌博物馆”，全球各地的受众可通过互联网随

时随地在线观看。由于“数字敦煌博物馆”的交互形式打破了时空的限制，因此吸引了众多互联网用户参与其中，交互形式也就变得日常化。在传统绘画中融入新的交互形式，有利于增加线上参观人数及其次数，提高传统绘画的关注度，达到保护与传承传统绘画的目的。

2. 交互形式要参与化

人们在驻足欣赏传统绘画时，会不由自主地联想到个人的切身经历，进而产生合乎传统绘画风格特征的情感。由此可知，强化受众的亲身参与体验，更能提高传统绘画交互传播的效率。传统绘画与受众本质上是两个独立的个体，如何在二者之间构建起互动关系，就需要增强受众对传统绘画的参与感和沉浸式体验（即交互形式的参与化），使受众在欣赏传统绘画的过程中既能获得信息又能获得情感，加深受众对传统绘画的印象和认知。如德国艺术家莫妮卡·弗莱什曼、沃尔刚夫·施特劳斯、克里斯蒂安·A. 比恩共同作的装置艺术作品《流动视图》，以一个嵌入基座的屏幕的形式，建构了一个虚拟水池，当观众俯首观屏时，屏幕就会显示出观众本人的形象，而当观众伸手触摸屏幕时，屏幕就会产生类似水纹般的波动，这种波动会使观众本人的形象发生变形。因此，该作品的交互形式具有参与化特征，其与观众产生交互的过程，不仅能使作品动态化呈现在观众面前，还能给观众带来沉浸式的体验。在传统绘画创作过程中融入可供参与的交互形式，受众与作者之间的关系也就会发生改变，二者在互动过程中会为传统绘画创作带来新的创作思想或情感，这样既能提高受众对传统绘画的理解和认知，又能推动传统绘画的传承与发展。总之，当传统绘画与受众之间的界限趋于模糊时，受众的沉浸式体验感也就越来越强烈。

3. 交互形式要创新化

对中国传统绘画的传承与创新，必须顺应时代发展要求。在传统绘画保存方式受限的情况下，可以通过交互设计创新传统绘画的表现形式。由数字艺术家雷菲克·纳多尔（Refik Anadol）创作的交互作品《融化的记忆》，运用数字绘画、数据装置和数字投影等，将人类大脑内部的运动记忆通过 LED 媒体墙和 CNC 泡棉等载体加以具象化表现，由此带给受众更为强烈的沉浸式交互体验及沉浸式参与感。此外，由我国中央美术学院创作的名为《呼吸共同体》的装置，借助可穿戴设备采集人体数据信息。该作品是利用灯光来呈现人体的温度变化，而光的闪烁则是生命气息的象征。受众可通过远程操控现场设备与作品进行互动，以此深刻体验人类命运共同体的深刻内涵。交互形式发生积极转变，意味着交互式传播表现形式更为多元化，由此能够激发受众的视觉、触觉和听觉等多种感官，进而实现与传统绘画的深入互动。从形式创新的角度看，中国传统绘画与受众之间存在较长时间和较多维度的联系。

（二）传统绘画与数字表现结合

中国传统绘画源远流长，有其独特的艺术创作理念，是人们表现内心思想情感的重要载体。传统绘画作为国家、民族和地区历史沉淀的产物，给社会带来的冲击可谓十分深刻。因此，有效传承传统绘画关键是要做到与数字表现相结合，即以数字化形式再现传统绘画的艺术魅力。

欣赏中国传统绘画，应从视觉审美层面打破受众对艺术鉴赏秉持的狭隘思维，受众也应主动适应时代发展趋势，不能以内在的、固有的审美标准去看待新事物，而应以开放、宽容的态度积极接受新的表现形式，因为这些新的表现形式往往能够创造更为丰富的视觉语言。受众欣赏传统绘画的过程，本质是个体感官系统与画面视觉语言交互的过程，此过程会使受众获得新的感受或体验。数字化是对传统形态的创造性表现，传统绘画创作过程尤为讲究“形神兼备”，而针对传统绘画展开的数字化处理，实际是对“形”的转换，而非对“神”的创新表达。因此，传统绘画与数字表现相结合，需要兼顾传统绘画的“形”与“神”，即创新传统绘画的表现形式与交互形式，为受众带来全新的视觉审美体验和沉浸式交互体验。

2021 年 7 月，“行走的故宫文化”推出的故宫《石渠宝笈》绘画数字科技展（见图 5-5），就为受众带来了全新的沉浸式体验。该展览是对《浴马图》（赵孟頫）中的原型（见图 5-6）所做的创新。《浴马图》描绘的是夏日时节奚官在林树水塘边给骏马洗澡纳凉的场景，该幅画描绘的人与物皆具生动姿态，给人以轻松欢快的气氛。此次展览是以数字化形式再现《浴马图》中的人、物与景，利用全息影像技术赋予奚官、骏马独特的视觉审美效果，受众则能穿梭其间近距离观察画中人与物的特征，大有游园之趣。展览中的奚官与骏马，二者形态各异，而原画中的林树与水塘等景色也生动呈现在展览中，使受众产生一种动静结合、真假难辨的审美感受。此次展览成功实现了由二维向三维的转变，传统绘画中的静态场景和人物经数字化处理后颇具动态效果，营造出独特的沉浸式体验。

图 5–5 《石渠宝笈》绘画数字科技展浴马现场

图 5–6 赵孟頫《浴马图》

交互设计能够使传统绘画的意境充分展现出来，也有利于拉近与受众的距离，激发更多受众群体欣赏和理解传统绘画，赋予传统绘画全新的、丰富的表现形式，更好地完成弘扬与传承传统绘画的任务。因此，有必要将我国的传统绘画与数字表现相结合。利用虚拟现实技术、增强现实技术及 3D 打印技术，对传统绘画作品进行数字化处理，可以实现 1:1 的立体化复原。此外，多媒体虚拟交互工具也为人们带来了全新的沉浸式交互体验，满足了人们的审美需求。基于传统绘画展开的交互设计，有助于促进传统绘画实现交互式传播，为创新性发展、保护性传承中国传统绘画做出重要贡献。

第三节　交互设计在室内空间设计中的应用

所谓室内空间，是指室内可供休憩、娱乐或工作的活动空间。常见的室内空间包括居住空间、办公空间、商业空间等。本节主要讲述住宅室内空间设计。

一、住宅室内空间设计在交互理念下的目标

（一）增强人们之间的互动交流

特定的事物或话题经常成为促进人际交往的诱导因子，基于交互理念在住宅室内空间展开的人际交往，应注意以下 3 个方面。

1. 增加住宅室内空间的活动机会

住宅室内空间是有限的，因此要想促进住宅室内的成员彼此之间展开交流，就应该增加住宅室内空间的活动机会，即开展多元化的人际交往活动，如定期举办家庭聚会、生日聚会或节假日聚会等，提高人与人之间交流和沟通的效率。

2. 在住宅室内空间中设立休息空间

休息空间是住宅室内空间的构成主体，而设立休息空间的意义在于帮助住宅室内的成员获得精神的放松和享受。围绕特定的住宅室内空间展开交互设计，可以在人们的活动区域设置咖啡桌、吧台或休息座椅等，这样既能满足人们对精神放松、享受需求，又能无形中拉近人与人之间的社交距离，进而为人与人之间的交流互动奠定物质基础。

3. 正确处理住宅室内空间尺度

住宅室内空间尺度处理是否得当，关系到住宅室内空间成员的停留时间及活动内容，最终影响住宅室内空间成员彼此间的交际互动关系。在交互设计理念指导下，对住宅室内空间尺度的处理应考虑人与物体、人与空间、物体与物体及物体与空间的关系。因此，处理住宅室内空间尺度，关键在于将人作为衡量住宅室内空间因素关系的尺度。

（二）促进人与住宅室内设施的互动

以交互理念为指导展开的住宅室内设施交互设计，在住宅室内空间交互设计系统中起着关键的作用。因此，针对住宅室内设施展开的交互设计，应以增进人与设施之间的交互体验为前提，即围绕用户、行为、设施这三个要素进行构建（见图 5-7），体现各要素之间的相互联系、相互依存关系。在这三个要素中，用户是居于主导地位的，而用户的互动行为则受到场景设施及功能设施的影响。可见，只有预先对各个要素之间的潜在互动关系进行分析，才能展开人与住宅室内设施的互动设计，最终达到住宅室内空间设计的交互目的。

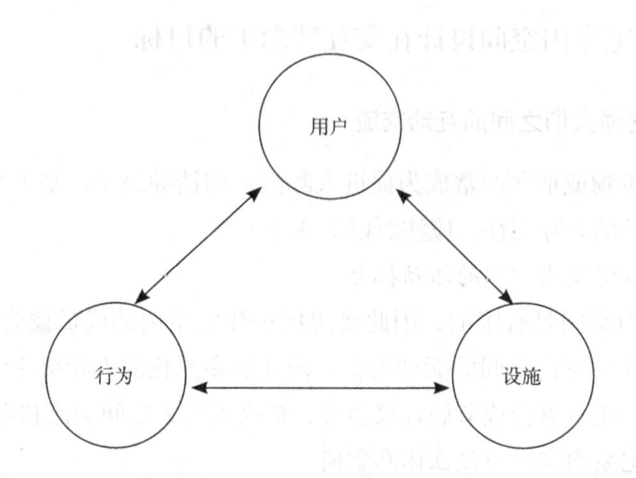

图 5–7　设施互动系统框架

1. 要明确用户的行为目的

住宅室内设施因用户的需求而出现且存在，同时因为行为主体用户的使用才得以实现价值，住宅室内设施的使用者是参与互动的主体，对住宅室内设施使用者的分析是设计的前提。而行为目的的探索是用户分析的目标，所以在设施的设计制作过程中，设计人员应该运用行为科学理论研究用户在使用设施的过程中的行为以及研究用户在使用过程中的心理需求，指导人与设施的互动发展，设计出更符合人性化需求的住宅室内设施，提高用户使用效率，调动用户的积极性，提升用户与设施的互动体验。

2. 增强设施的智能化

在社会信息化的背景下，信息交互方式的变革深刻影响着人们的工作和生活，同时信息交互技术的进步推动了住宅室内设施的智能化发展，家居设施智能化程度的提高顺应了用户高质量住宅空间设计的要求。家居设施的智能化一方面节约了用户的时间，另一方面增加了设施的情感要素，使原来被动静止的设施转变成为具有能动智慧的生活伙伴，提供全方位的人与设施的信息互动，优化人们的生活方式。目前与网络连接的智能家居设施形成了完整的住宅室内空间控制系统，如家电控制、照明控制、窗帘控制、电话远程控制、室内外遥控、防盗报警以及可编程定时控制等多种功能和手段，所以，提高住宅室内空间中人与设施的互动体验，增强设施的智能化是智能时代的大势所趋。

3. 降低使用设施的复杂化

随着智能家居的兴起，室内智能设施越来越多，设施的控制键也越来越多，技术的进步一方面为人们的生活带来了方便，另一方面也增加了使用的难度，这就影响了人与设施的互动体验，所以在交互设计理念下的住宅室内空间设计中，人与设施的互动体验过程在保证满足人的功能要求的同时要尽可能地降低使用的复杂化。

（三）提高人与住宅室内空间的互动

场景是交互设计的五要素之一，在交互设计理念下的住宅室内空间设计中，场景等同于住宅室内空间，住宅室内空间是承载用户活动行为的场所，也是实现人与人、人与设施交互的场所，所以在实现人与人、人与设施交互的同时，更要从根本上实现人与住宅室内空间的交互。在交互设计理念下的住宅室内空间设计过程中，提高人与空间的互动要遵循以下 3 点。

1. 创造复合功能空间

复合功能空间是指特定空间在同一时间内根据需要可以实现多功能的设计，从这里得知，其有两个方面的意义：第一，体现了“包容”性，即同一个时间内，可以容纳诸多的活动；第二，体现了“激发”性，即空间能够诱发使用者有更多的活动可能。在交互设计理念下的住宅室内空间设计过程中，复合性功能设计体现的是同一空间内实现活动的多元性，以此促进空间内的交互行为，所以，在住宅室内空间中创造复合性功能空间应从以下两种方法入手：第一，增加同一空间容纳多种活动的可能，但需要规避的是这些活动之间的互斥现象；第二，在既有的空间功能上力争激发更多的功能，诱发一些潜在的活动出现，从探索中得知，空间自身的特征是活动发生的关键要素。

2. 设计能够产生交互的空间流线

流线也可以叫作动线，指人们活动的具体路线情况，它依照人们的行为将特定的空间组织在一起，通过对流线的设计可以连接住宅室内空间的不同区域，并有效地引导使用者参与不同空间的互动，所以在住宅室内空间中的活动路线是人与空间互动的核心。因此，在活动过程中的体验是非常重要的，可以通过在活动的路线中设置节点来实现人与空间的互动。

3. 增加空间探索的趣味性

趣味性是指某件事或者物的内容能引起周围人的注意。目前，人们对居住环境越来越看重，而住宅室内空间作为人们生活的重心，不得不面临着提升空间品质的问题，增强空间的趣味性相当于为空间注入了“灵魂”，诱发人们去探索的冲动，在探索的过程中提高了人与空间的互动。

二、住宅室内空间在交互理念下的设计导向

（一）基于用户情感进行设计

工业设计师亨利·德雷夫斯于1955年出版了《为人的设计》（*Designing for People*）一书，提出一种基于人的角度而设计的理论，即以用户为中心的设计（UCD），更加注重设计过程中的用户体验，并将其作为决策的关键所在，强调的是一种用户至上的理念。因此，本书在交互设计理念的基础上，给出了基于用户情感的设计思路。

1. 分析用户的需求

在住宅室内空间交互设计过程中进行用户分析的目的，一方面是建立用户信息模型，另一方面是明确用户需求模型。因此，应运用交互设计中用户分析的模式建立用户模型（见图5-8），进行全方位的用户分析以实现用户的目标需求。

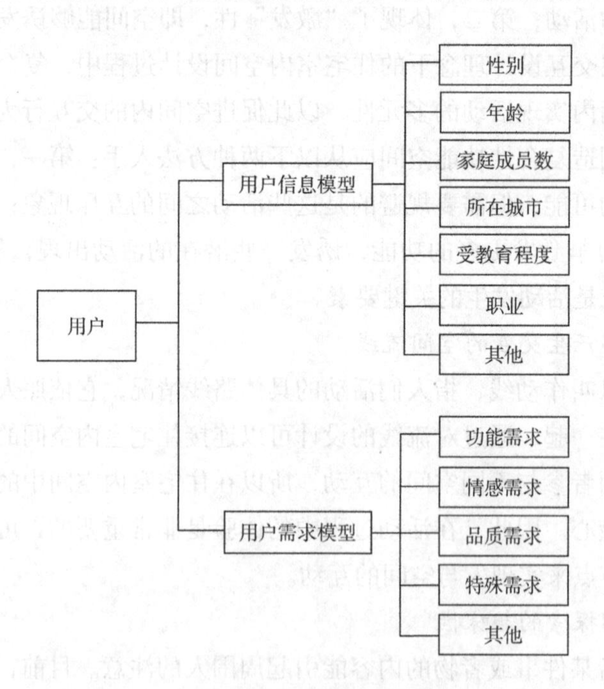

图5-8 用户模型分析图

2. 根据用户心理模型设计

交互设计理念下的用户心理模型有三种：第一，设计模型，具体指设计人员一开始在自己脑海里出现的对系统（产品）的概念；第二，用户模型，是用户视角下，他们所希望的系统是什么样，应该有怎样的操作方法；第三，系统表象，这是系统的外显部分，包括系统的外观、操作方法、操作反馈以及操作说明。理想情况下，设计及用户模型是基本一致的，然而现实情况下，设计人员及用户通常进行沟通的时候也是只关注产品本身，使系统表象与用户模型偏差很大，造成了用户使用过程中的不便，所以在设计过程中做到系统表象与设计模型和用户模型的一致化显得尤为重要。

由此可见，在交互设计理念下的住宅室内空间设计过程中，设计模型与系统表象有交集部分，用户模型与系统表象也有交集的部分，所以，基于用户心理模型的设计，应该使住宅室内空间的设计模型与用户模型趋于一致化。

3. 及时对设计结果进行跟踪反馈

产品使用结果的跟踪反馈是交互设计过程中的重要一环，在交互设计理念下的住宅室内空间设计过程中应该加以借鉴。首先，应该建立完善的住宅室内空间用户反馈人群，在这个群体中，最重要的是以使用者为中心，同时与该设计相关的参与人员也可以从各自的角度出发予以反馈；其次，应该建立流畅的反馈渠道，保证反馈信息及时到达各个负责单位；最后，完善反馈处理机制，保证反馈问题能够得到解决。

（二）基于以生活为中心的设计

生活是人类生存过程中各项活动的总和，范畴较广，从广义层面上来说将人的诸多活动都包括其中，不单单指工作、休闲、娱乐等，而且将家庭及个人生活也涵盖了进来。由于住宅的本质规定了住宅居住性的根本属性，所以，交互设计理念下的住宅室内空间设计应遵循以生活为中心的设计。

三、住宅室内空间在交互理念下的设计策略

（一）住宅室内空间分区的交互设计

住宅室内空间设计是一个系统工程，空间区域划分彼此紧密相连，在住宅室内空间设计的过程中，引入交互设计探究各个空间分区之间的内在关联，对于增

进人与空间的协调性、体验性、交流性有着重要意义。

1. 聚集功能相似的分区

在住宅室内空间设计过程中会将室内空间按照不同的标准进行分区，例如动静分区、干湿分区、主客分区、其他分区等，为达到各个分区之间的交互，对于有着相似功能的分区在设计过程中应尽可能聚集，动区一般与家庭成员和客人的活动有关（见图 5-9），并且这些活动一般是在开阔敞亮无水的空间内进行的，所以动区、客区和干区可合理聚集，同理静区一般为主人的休息区和生活区，应适当聚集。

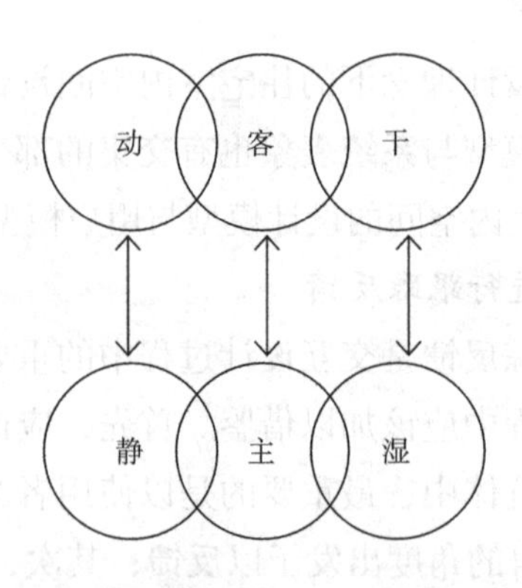

图 5–9　相似功能分区的聚集

2. 联系同一流线的分区

住宅作为容纳生活起居活动的空间，会产生不同的活动流线，一般来说，住宅室内空间中的流线一般包括家务流线、家人流线、访客流线三种，但在住宅室内空间活动流线过程中可能会涉及不同的分区，例如，家务流线中的餐厨流线，一般会涉及储存区、清洗区、料理区三个分区，家人流线一般存在于卧室、卫生间、书房等比较安静的区，访客流线一般由入口到客厅至娱乐室等动区，所以应有序组织这些有着同一活动流线的空间之间的交互关系。

（二）住宅室内空间功能的交互设计

住宅室内空间组成一般包括客厅、卧室、厨房、卫生间、餐室、过厅、过道、储藏室、阳台等，这些空间对于住宅室内空间生活有着不同的功能，但归纳起来，大致可分为三种空间性质：公共功能空间、私人功能空间、家务功能空间。交互设计理念下的住宅室内空间功能的设计依然要遵循着住宅室内空间的基本交互关系（见图 5-10），探寻各个功能空间之间的关系，做到各个功能空间既相互联系，又避免互相干扰。

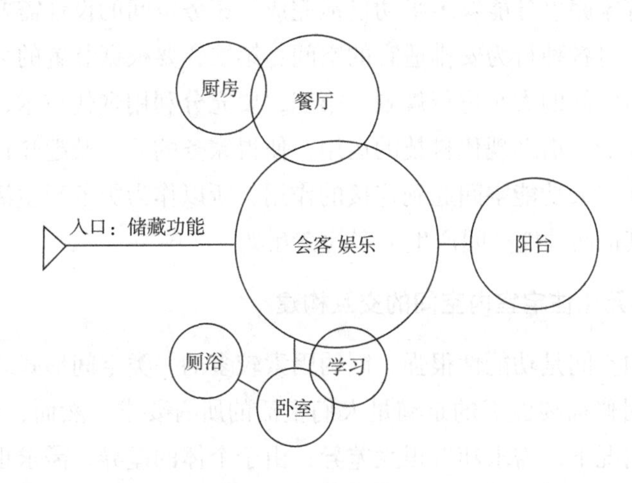

图 5-10　住宅室内功能空间基本关系示意图

1. 公共功能空间

住宅室内公共空间涉及的空间范围有很多，不仅仅包括起居室、娱乐室，也包括庭院等空间。公共空间具体来说是家庭公共活动的场所，一方面，其是家庭聚会的地方，是家庭和谐关系建立的空间保证；另一方面，公共空间是用户用于接待客人的场所，是主人合作和友善待人的体现。随着人们经济生活水平的提高，中国家庭越来越重视家庭的活动交流，一般在公共活动空间发生的活动有：聚谈、视听、阅读、用餐、户外活动、娱乐及儿童游戏等内容，像客厅、庭院等这样的空间具有多种功能的可能，不单单可以招待客人，而且能够用于家庭聚会，从很大程度上来说，这是公共空间的具体表现方式。所以在住宅室内公共功能空间的设计过程中，应该加强每个功能空间的联系，促使空间中的使用者发生很多的交集以达到交互的目的。

2. 私人功能空间

私人空间是为住宅室内成员个人行为所设计留置的空间，它是住宅空间设计中最重要的功能，既体现了用户对住宅空间的占有性，又是用户精神追求的体现，它包括了卧室、书房和卫生间等空间，完备的私密空间具有休闲性、安全性和创造性，该空间是不可或缺的，能够实现家庭的自我调整及均衡，体现了住宅的本质和核心，在这个区域内的各个空间的交互频率可适当低于公共功能空间。

3. 家务功能空间

功能完备的家务工作区域可以提高住宅室内空间的使用效率，使有关的餐饮、洗护、清洁等家庭事务能够事半功倍地完成。家务空间的设计需要考虑的东西很多，第一，要对各种行为安排适宜的空间；第二，要根据装置的大小及使用方的尺寸大小等对空间的大小进行规划；第三，要充分利用现代技术，使得家务工作能够有美的享受，借助现代科技的运用，使得家务的活力及趣味性大大增加。家务功能空间在三大功能空间起到连接的作用，所以作为服务于生活的空间在设计过程中应与其他两功能空间产生更多的交互。

（三）多元化住宅室内空间的交互构建

住宅室内空间是功能性很强、制约因素较多的一类空间形式。在对室内空间进行设计的时候需要注意的是满足人们生活的所有要求。然而，在不同的时代、经济、社会情况下，需求却有很大差异；由于个体的差异，需求也是不同的。所以，需求一直处于变化之中，那么空间设计的多元性就显得非常重要，应尽可能多地满足居住者的需要。

1. 对功能的模糊性要明确把握

功能即某物的作用、用途。住宅室内空间是供用户使用的，人的活动构成生活，生活能够对功能性起着决定作用。现如今，人类的生活非常丰富，相应的住宅功能要实现多元化，功能并不是表象的，是非常具体的。住宅室内空间要具有睡眠、起居、会客等最为基本的功能，但是并没有具体的起居方式，每个家庭都有自己的方式，即便是同一家庭也随时代的不同而有所改变，并无法形成表象的起居等方面功能，所以，针对住宅空间的功能只能进行模糊的表达，这种模糊性有很多的体现。例如，时间在不断推移之中，住宅室内空间的功能也要相应的增减才可以，居住环境一直都在更新及变化之中，家庭也变得更加小型化，各家各户都有了不同用途的电器，那么就要为各电器留置放置空间，如规划看电视的空间，有放置和使用洗衣机、电冰箱的空间，这些功能空间是以前的住宅室内空间设计不曾有的。现如今，人类已经进入信息化时代，相应地，人类的工作方式也有了很多的改变，住宅的设计也逐渐向着办公型的方式发展，所以，在进行空间设计的时候要考虑以上这些功能，但困难在于，这种住宅室内空间功能上的变化有一定的不可预见性。例如当人们还在讨论住宅室内空间是否必须考虑洗澡问题时，热水器等已经进入了各家各户。因为功能方面的不明确性，所以在多元化住宅室内空间的构建过程中应主动地推敲功能、预见功能，并以功能为依据进行空间设计。

2. 对空间的模糊性要明确把握

对于住宅室内空间来说，由于其功能方面具有一定的模糊性，决定了设计的模糊性，所以，空间的精确化并不是绝对的模糊性的存在，即便功能是相对单一化的，但是精准且无任何余地的空间根本不可能，例如一个只能供三口之家用餐的小餐厅，显然不能满足亲朋聚餐的要求，只能在其他功能空间如客厅、起居室进行聚餐。从表面看，住宅室内空间的不确定性是因为空间面积的不足，如小户型的住宅室内空间由于空间面积的不足，同一空间必须兼作卧室、客厅、餐室，但住宅室内空间面积的增加也不一定就能避免多功能共置于一个空间的局面。现今大多数住宅空间采用了二室一厅、三室一厅这种空间划分形式，同时住宅室内空间的面积也在不断地增大，但多功能并存的空间仍然存在，如客室仍然是集休息、娱乐、会客等多种功能于一体的空间。只要空间中存在人类活动，其空间功能的模糊性就必然存在，问题是如何把握空间功能的模糊性以满足空间使用者的需求。多元化住宅室内空间的设计为同一空间的多功能容纳性提供基础，又使得各空间可以共同作用及相互补充，对于空间的更好利用起着助力作用。只要汇总起来的功能可以实现性质（如动与静、秘密与公开）上相近，不至于相互干扰，或者利用使用时间的时间差（在不同的时间使用同一空间），那么这种模糊空间对于居住环境的较好营造便非常有用。空间的模糊要想较好实现，就要充分了解人类的居住情况，可以为多元化住宅室内空间的交互构建提供基础。

3. 模糊性和精确化的统一

现有的住宅空间对周围环境高度契合的同时也降低了对环境变化的适应性。住宅设计的灵活性和适应性，始终是摆在设计者面前的不容忽视的问题，因为用户要求的模糊性和多变性，所以在住宅室内空间设计过程中以空间设计的模糊性来满足用户的需求。住宅室内模糊性空间日渐扩大的趋势是明显的，创造具有高度灵活性和适应性的模糊性空间，设计者确定模糊性空间，而将空间精确化的过程留给居住者。设计者设计空间，居住者设计生活，模糊性空间以“不变应万变”的方式满足用户多变的需求，这是模糊性与精确化的多元住宅室内空间交互构建的过程。

第四节　交互设计在绿道景观设计中的应用

一、绿道景观概述

（一）绿道景观的含义

绿道译自英文单词“greenway”，源于 greenbelt（绿化带）和 parkway（林荫大道）。green 意指自然或半自然植被；way 是人类和其他生物的通道。这是绿道的两个重要特征。在景观生态学中，绿道属于廊道（corridor）范畴。“绿道”是连接的各种线型开敞空间的总称，包括从社区自行车道到引导野生动物进行季节性迁移的栖息地走廊；从城市滨水带到远离城市的溪岸树荫游步道等。

（二）绿道景观的分类

对于绿道的分类，国外学者有不同的看法。法伯斯（Fabos）把绿道分为三类：生态廊道和自然系统显著的绿道；娱乐绿道；具有历史遗迹和文化价值的绿道。利特尔（Little）则将绿道划分为五类：城市河流（或其他水体）廊道；休闲绿道，如各种小径和小道；强调生态功能的自然廊道；风景道或历史线路；综合性的绿道和网络系统。从不同的角度出发对绿道景观的分类也会有所不同。本书从绿道所在的地理位置和所处的自然环境出发，将其分为山地绿道和滨水绿道两大类。

1. 山地绿道

与平原城市相比，山地城市具有不同的地貌特征，生态环境更加复杂，地域文化更加个性，存在着城市发展与生态保护的矛盾；存在绿地规划滞后于城市规划，人们的自然需求与绿地不足的问题。绿道作为线性绿廊和慢行交通系统的复合系统，连接生态板块，优化城市快慢交通衔接，建立公共自行车运营系统，可以带来显著的生态效益、社会经济效益和居民健康效益。

2. 滨水绿道

城市滨水绿道是沿着城市水线建设的线性绿色开放空间，是连接水和陆地的纽带，也是城市绿道网络的重要组成部分。城市滨水绿道是一个具有生态和户外活动休闲的绿色廊道空间，它包括城市慢行交通系统和城市公共空间，连接滨水区周边的自然和人文景观节点和社区生活点。

（三）绿道景观设计内容的影响因素

1. 历史文化的影响

历史和文化是无形的、抽象而又具体的。在时间年轮的推进下一代一代的人在某个特定区域内繁衍生息，长此以往沿袭下来的历史印记和文化的积淀形成了某种独特的习惯和风俗，或者是某种样式的图腾文化，等等。简单来说就是一个地区的人长此以往形成的生活习惯和行为方式，以及对事情的偏好、喜好等都涵盖在历史文化内。不仅如此，这种历史文化既存在于整个群体又在每一个独特个体上。

2. 民俗风情的影响

民俗风情是各地人民独特的生活习俗、生活方式、审美观念、社会交流现象、文化历史背景及其载体的综合。常常是外来人对当地的一种初见的直观感受和内心感叹，或是面对新鲜的事物和前所未有的体验情不自禁地抒发出的一种情感。某一地域的民众体现出的行为模式和精神风貌就是一种纯粹的民俗风情。

3. 传统节日的影响

不同地域和不同民族都有自己的信仰方式和祭祀活动，同时由历史事迹和名人典故等诞生了一些具有特别意义的节日和活动，在长久的历史发展中逐渐形成了当地特有的传统节日。在过去的艰苦日子里，往往需要这些传统的节日所带来的生活仪式感和庄严肃静感来打破一成不变的生活。就如一直沿袭至今的除夕、春节、元宵、清明、端午、中秋、重阳等。还有更多的范围较小的具有一定地域性的节日，例如傣族的泼水节、彝族的火把节、藏族的望果节和苗族的跳花节等。

4. 公众审美的影响

公众审美是一个宏观概念，要满足公众的审美需求和倾向必定得在设计之初就要对区域内的公众偏好需求和审美意向做充分的调查，从而将宏观的问题细化为具体的方方面面。例如，日常生活中对绿道功能有什么具体需求，对绿道景观设计内容的造型、材料、色彩等方面有什么喜好等。只有这样才能更好地设计出符合当地公众的审美以及满足日常休闲需求的空间。

二、交互设计理念的互动性在绿道景观设计中的应用

（一）传递互动性的媒介类别

1. 感官传递

感官并不可能完全孤立存在，都是相互作用的。互动性的感官传递是一个相互影响、相互渗透的过程。绿道景观的设计内容给公众带来感官上的冲击和体验，人置身在环境当中，不管是主观意识能动性还是被动接收信息，都避免不了绿道景观空间带来的直观感受和体验。例如，北京市永兴河绿道景观设计展现了公众与绿道之间的感官互动。四季变幻的绿道植物花卉景观带给公众美的视觉享受，观景亭和人行步道四周铺满了本地树种和植被以及可以常年自主繁衍生息的灌木丛，不仅美化了绿道的环境，还为野生动物提供了一个很好的生态生存环境，人置身于环境当中可以聆听动物的活动声响，从视觉、听觉的感官与环境互动，不仅如此，空气中弥漫的花香，树木混合着小动物翻爬泥土的生生气息使人仿佛回到了旧时光的童年生活。

2. 情感传递

情感的交互体验是指主体与客体发生思想碰撞、情感交流的一种体验。如果说情绪是间断的、强烈的心理感受，那么情感是相对稳定的、长久的，具有一定积极作用的心理活动。公众对绿道景观设计内容产生的情感是交互的升华。这种情感上的升华不是单纯自发的，而是和公众的人生阅历、生长环境、价值认知观念、个人偏好等有关。不同地区的公众会有不同的情感体验。

3. 行为传递

公众在绿道中逗留时间的长短和行为轨迹的复杂程度决定了互动的强弱，也反映出了公众的互动体验好坏。公众在畅游绿道的过程中，对其带来的体验感是愉悦的还是乏味的都是一种直观的行为体验。因此，应注重人性化设计，充分考虑公众的方方面面需求，有效提高互动的层次。深圳市龙华区环城绿道羊台山段绿道（见图 5-11）在空间功能上就很好地应用了公众的行为互动，将不同的空间划分出了不同的功能，满足公众在绿道空间中的使用需求。该段绿道依托丰富的自然资源，包括水库、溪谷、山峦、石林、泉水，打造了一段“大山大水、登高揽胜”的绿道。不仅可以体验登高望林，观石赏泉，还可以漫山步道，散心于曲径通幽的溪谷之内，从而充分满足了公众的需求，实现行为互动的最大化，提升了绿道空间的活力和公众在空间中的活跃程度。

图 5-11　羊台山段绿道

（二）绿道景观内容设计中互动性的应用策略

1. 色彩的变化

色彩的变化最直观的接受对象就是公众的眼睛，视觉对色彩的变化又牵动着味觉和心理情感的波动。色彩的变化可以通过太阳光或者是灯光的照明设计来完成。通过艺术装置的设计形成色彩变化，除了给公众带来视觉的感受，还能引起了某种情感共鸣。不仅如此，颜色的变化还影响了味觉的改变。借此，可以充分利用感官互动中的视觉和味觉以及情感互动的特点来指导绿道景观内容的设计。例如，阿姆斯特丹灯光节上，DP 建筑事务所设计的装置艺术《斑斓的光茎迷宫》（*Rhizome House*）（见图 5-12），在展出期间约有一百万人来体验，通过色彩的变化和奇异的造型吸引公众的目光，让公众忍不住想要凑近一探究竟。

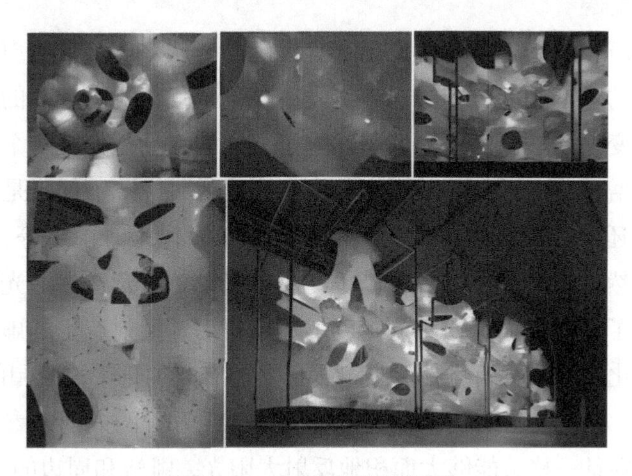

图 5-12 《斑斓的光茎迷宫》

2. 造型的把控

对绿道景观进行艺术化设计，在造型设计上着重在视觉、触觉、嗅觉、听觉、味觉等方面着手，同时在情感互动上关注基础、跃变、联想等三个方面，以及在公众的习惯行为、引导行为、情境行为的偏好总结上对雕塑下功夫。如伦敦的大型雕塑《伦敦马斯塔巴》（*The London Mastaba*）（见图 5-13），仿佛一座坚实的岛屿屹立在湖面上，犹如金字塔一般的外观和庞大的尺寸让周围的一切显得很渺小，给人一种庄严感。整体来说，无论是在外观构造、尺度上还有色彩上都进行了设计，有效地缩小了公众与环境的距离感，增强了公众与环境的互动性。

图 5–13 《伦敦马斯塔巴》

3. 光影的塑造

互动性在声光设计中的运用也是十分广泛的。从字面来说，声、光就是包含了视觉、听觉的感官互动。同时，声、光还会吸引公众触觉互动的连锁反应。视觉引导的情感变化创造出的不同情景影响了公众的互动行为，多个方面的相互连通作用极大地增进了互动的有效性和频率。这里的“声”不仅仅是电子设备发出的背景音乐，还包括大自然中的动植物活动声以及风声、雨声等。这里的“光”不单单指大自然的自然光线，也不是单纯的灯光设备所营造出的光怪陆离的光影效果，还包括了运用镜面材质不同角度的不断折射、反射产生的虚幻空间，以此带来的声光变化效果和视听觉体验。最为著名的有芝加哥千禧公园的雕塑《云门》（*Cloud Gate*），它是公园的艺术中心，吸引着千千万万的人前来参观。这个巨大的雕塑，造型别具一格，能够大面积地反射太阳光，雕塑和周边的景色融为一体，令空间呈现出一种梦幻的意味（见图 5-14）。

图 5–14　千禧公园的雕塑《云门》

香港的 PMQ 元创方庭院设计并策划了一个独特的漂浮圣诞展厅（见图 5-15）。半透明的光波形结构悬挂在 7 米高的庭院上，海浪形的云朵飘浮在展厅的上空。在外面，漂浮的氦气球是由细细的半透明鱼线组成的，它们在微风中自由漂浮，在网中上下跳动，在风中摇曳，传出悦耳的音符。1 万米长的半透明浅色网状物，打造出波浪状的云朵，连绵起伏的简洁飘逸形态，结合阳光折射、灯光投影和几何形状的重力支点设计，以不同的密度分布，让日光穿透其中。同时，设计亦融合幻灯投影、花瓣魔光，梦幻悦目，编织出日夜迥然不同的城市风景。通过隐藏在魔法外壳中的吹风机，100 多种色彩斑斓的氦气球在空间中流动，市民可以现场给气球绘上喜欢的图案，发挥创意的同时也可以参与到展览主体的塑造中，带来最淳朴亲切的欢乐氛围，充分体现了互动性。

图 5–15　漂浮圣诞展厅

4. 水体景观的流动

水是景观空间中重要的设计元素之一。水的设计是多变的，可以是自上而下的叠水、瀑布，也可以是自下而上的喷泉、旱喷。水的特质是生动而又柔软的，可以很好地软化空间的边缘，增添生机。人具有一定的亲水性特质，在绿道景观的空间中设置相应的亲水平台和活动空间是十分必要的。在空间中增添水的区域也提升了公众与空间的互动性，各式各样的水体空间给人带来明快、宁静、愉悦的心理感受。

三、交互设计理念的公共性在绿道景观设计中的应用

（一）公共性特征的体现

1. 公众共享

交互设计理念的公共性在绿道景观中体现在绿道景观的服务对象是公众。绿道景观是一个充分开放的公共空间，每一个独立的个体都享有使用绿道的权利，它的意义就是为公众服务、为公众共享的。其具体内容体现在每一个独立的个体都是绿道景观的共享者和使用者，每一个独立的个体在绿道景观的使用过程中都可以充分享受到绿道带来的益处和使用体验及感受，同时也可以对自身的体验好坏以及使用过程的便捷与否做出相应的反馈。只有这样的绿道才是共享的绿道，同时也更好地将公共性体现出来。

绿道景观不要做到公众共享就必须考虑不同人群的使用需求。例如，为残障人士设计盲行道、盲人使用的文字、电子手语显示屏、无障碍通道等一系列人性化无障碍设计，还需要便于老人、孩童、孕妇等人群的使用。只有从这几个方面出发，设计出能够满足不同人群使用需求的绿道才是真正的公众共享绿道。例如，以色列的埃米尔林荫道景观带由一条平平无奇的道路转变成多功能的共享场所空间，满足不同人群的使用和需求，为城市带来了新活力。鲜艳的柠檬黄色调深受儿童的喜爱，圆形旋转的吊椅充满童趣可坐可躺，高低不同的木桩令空间更为活跃，孩童在其中尽情地跳跃着，尽情玩耍。此外，市民在此拍婚纱照、休闲洽谈等，也使得空间的氛围更加活跃，体现了公众共享的公共性。

2. 非排他性

非排他性的绿道景观和公众共享有相同之处，就是公众不可避免地共同使用绿道景观。非排他性的内容更加具有包容性，也就是说每个人都可以平等、公开

地使用绿道，不受到外在因素的阻碍或者困扰。这种非排他性具有包罗万象的作用和效果。这种非排他性没有过多的自身限制，只要公众凭借自由意志置身在绿道景观当中就可以随心享受绿道的一切资源。这种非排他性很好地体现了绿道景观的公共性。

非排他性的绿道景观除了顾及不同人群的使用需求，还具有一种不可避免性的特点。这是一种无意识的强制性设计。公众在公园景观中行走时，不可避免地看到、听到、嗅到、触碰绿道景观中的具体内容，又或是路过一盏路灯时不可避免地被路灯照射到。这种无意识的强制性设计就是非排他性的一大特点。这种设计特点对公众本身没有任何坏处，反而极大地提升了绿道的包容性和人文关怀。这一特质在美国得克萨斯州的圣安东尼奥菲尔·哈德伯格公园绿道（见图 5-16）上极大地体现出来。在设计之初其主旨就是创造“一个属于每一个人的场所”。人置身其中与自然融为一体，仿佛人就是环境当中的一员，尽情地感受公园景观空间环境带来的休闲时光。

图 5–16　哈德伯格公园

（二）绿道景观内容设计中公共性的应用策略

1. 选择合适的雕塑题材

绿道景观雕塑的题材需要为绝大多数公众所接受。这也意味着在设计题材的寻找和选择上需要提前做好工作。解决办法就是实事求是和切身实地去了解当地公众的想法和期望。例如，澳大利亚悉尼街头克拉姆·英顿（Callum Morton）设计的《纪念碑 32 号混乱小筑》（*Monument #32 Helter Shelter*）。极具标志性的主题和纪念意义的题材抓住了公众的目光，每一个人都可以与之拍照纪念（见图 5-17）。

图 5–17 《纪念碑 32 号混乱小筑》

2. 实现服务设施的功能

绿道景观的服务设施在功能上不仅需要实用、适用，还需要集造型美、材质美、工艺美等多个优点于一体。只有这样，最后呈现的设计成果才能更好地、有效地与公众产生互动。只有足够吸引公众的眼球和满足公众的使用需求和心理满足感，才是其设计的初衷和本意的最高体现。

3. 合理铺装交通路网

绿道景观中的交通路网和铺装是一体的，相辅相成，不可单独设计。同时，应注意人性化设计，充分考虑不同人群的使用，包括残障人士的特殊通道。正如维克多 · 帕帕奈克（Victor Papanek）在《为真实的世界设计》一书中提出自己对于设计目的的新看法，即设计应该为广大人民服务；设计不但应该为健康人服务，同时还必须考虑为残疾人服务；设计应该认真考虑地球的有限资源使用问题，设计应该为保护人们居住的地球的有限资源服务。除此之外，他的《绿色律令》等作品也在关注设计的公共性及环境保护。

例如，重庆中瑞产业园的景观设计（见图 5-18）连贯舒适，设计采用梯田环绕建筑外边界，上下交通的台阶、室外座凳、种植池乃至场地文化的表达，将庭院的色彩特征融入其中，形成形式统一、功能多样、内蕴丰富的场地边界形象。园区外部任何一个界面都可以方便地进入，各建筑院落之间的交通更加流畅、紧密，系统性地体现了路网脉络的人性化设计。

图 5-18　重庆中瑞产业园

4. 视觉识别系统的高效性

视觉识别系统是绿道景观设计中非常重要的组成部分。有效的导视系统可以为公众或者外地的游客提供高效的指示作用。传统的导视系统显得过于呆板和单一，导视指示效率低，不仅更换麻烦，而且浪费资源。采用自动更新内容的人工智能导视系统的创新设计能够打破传统导视牌的呆板与单一。不仅有效还节省资源。从而大大提高了利用率和环境保护等优点。同时，在互动性上吸引公众的视野，有效地为公众提供帮助。

四、交互设计理念的参与性在绿道景观设计中的应用

（一）参与性方式的体现

1. 显性参与

公众本身是参与者也是设计者。公众与绿道之间产生一定的联系与互动，在不同的景观空间类型内都有所运用，从而给空间带来一定的趣味性和互动性。基于一些其他的社会因素，如文化、经济等的限制和需求的不同，在很多景观空间中还较为少见。但是这一设计理念成熟和设计意识的觉醒有助于未来景观设计软实力的发展和景观空间活力与魅力的提升。

显性参与的绿道景观在设计上如何让每一个公众都参与到绿道景观设计当中是设计师应该考虑的问题。设计师不是公众本身，但是设计师是帮助公众实现享受绿道所带来的益处这一目标的人。在设计的每一个阶段都需要公众的参与，公众与设计师都是绿道景观的共同创造者。

2. 隐性参与

隐性参与在很多情况下不是一种主动的交互行为，通常通过感官体验促进大脑和心理活动来达到交互，公众在这一过程中引发某种回忆或者迸发某种情感。例如，景观空间的墙、地面刻有符合当地人文环境的历史场景、特殊含义符号、图腾、绘画艺术、文字等，使得公众在接收到这些信息后有一定的心理体验。这样一来不仅使得景观空间本身的文化氛围得以提升，还能增进公众与景观空间的互动性。因为公众在景观空间中或漫步，或驻足欣赏美景，这一行为本身就是一种成功的互动。

隐性参与的绿道景观内容是含蓄内敛的。通常是一种无意识参与行为。这种交互也是一种无意识或者说是被动参与，往往需要一定的外在因素的刺激才能完成这一参与。例如，在绿道景观中公众在面对某种事物时所接收的信息带来了某种情感的波动和产生了一种心理感受从而做出一些行为，这一过程就是一种隐性参与。例如，海南海口美舍河绿道（见图 5-19）满足了公众的休闲与漫步的需求。公众置身于空间中不可避免地和绿道产生联系，感受着绿道带来的气息和感受，产生愉悦的心情和美好的回忆。

图 5–19　海口美舍河绿道

（二）绿道景观内容设计中参与性的应用策略

1. 选择合适的路面铺装样式

路面的铺装不仅仅是方便公众交通的畅通，更多的是一种信息的传递。路面铺装的设计可以是设计不同的拼贴、特殊图腾或者图案，以此来区分空间的边界或者是在空间中起到指示性的引导作用。在图案的选择和铺贴方式上可以在公众的偏好下做出选择，充分体现公众的参与性。

2. 选择适宜的艺术材质肌理

材质的选择既要根据当地的地理环境和人文环境，还要取决于具体公众的偏好。选择石材、木材、砖材、水泥、玻璃、塑料、金属、泡沫及合成材料等都需要多方的调查和考究才能突显出参与性的交互。同时，在材质的运用上需要考虑后期的维护成本以及便于和其他功能相互兼容的可能性，以此来丰富设计内容。

3. 根据植物的生长习性选择

植物的季节和生长习性及观赏性是绿道景观风貌效果的因素之一。本土植物和具有地域文化意义的树种更容易存活和被当地公众接受，在情感上会有一种寄托和联系。同时，呼吁大家参与绿化的建设，宣传对绿道景观植物的保护意识，有助于提升绿道景观绿化建设的公众参与性。

参考文献

[1] 宋方昊:《交互设计》，国防工业出版社 2015 年版。

[2] 张敬平:《演艺新媒体交互设计》，复旦大学出版社 2021 年版。

[3] 吕云翔、杨婧玥:《UI 交互设计与开发实战》，机械工业出版社 2020 年版。

[4] 刘冉:《虚拟现实艺术与交互设计研究》，九州出版社 2021 年版。

[5] 巩超:《软件界面交互设计基础》，北京理工大学出版社 2018 年版。

[6] 杨洁:《视觉交互设计》，江苏凤凰美术出版社 2018 年版。

[7] 廖国良:《交互设计概论》，华中科技大学出版社 2017 年版。

[8] 夏孟娜:《交互设计：创造高效用户体验》，华南理工大学出版社 2018 年版。

[9] 徐磊、林晓森:《网站交互设计一例通》，人民交通出版社 2000 年版。

[10] 程粟:《数字交互媒介设计》，苏州大学出版社 2021 年版。

[11] 周晓蕊:《交互界面设计》，同济大学出版社 2021 年版。

[12] 曹世峰:《交互网页设计》，华中科技大学出版社 2020 年版。

[13] 杨东润、孟翔、李惠芳:《交互艺术设计：符号学视野下的艺术内容设计理论及应用》，江苏大学出版社 2020 年版。

[14] 薄一航:《虚拟空间交互艺术设计》，中国戏剧出版社 2020 年版。

[15] 王巍:《移动终端交互界面设计》，湖南师范大学出版社 2019 年版。

[16] 马晓翔、张晨、陈伟:《交互展示设计》，东南大学出版社 2018 年版。

[17] 吴志军、肖文波、周曦等:《交互行为研究与产品概念设计》，湖南大学出版社 2020 年版。

[18] 陶薇薇、张晓颖:《人机交互界面设计》，重庆大学出版社 2016 年版。

[19] 任飞:《现代展陈空间与交互体验设计》，知识产权出版社 2018 年版。

[20] 鲁艺:《交互设计》，北京工业大学出版社 2020 年版。

[21] 李芳宇:《交互设计：从理论到实践》，浙江大学出版社 2019 年版。

[22] 周晓蕊:《交互界面系统设计》，东方出版中心 2011 年版。
[23] 王德永:《交互设计：煤矿机电产品仿真设计》，中国矿业大学出版社 2014 年版。
[24] 常成:《交互设计的艺术》，清华大学出版社 2022 年版。
[25] 李振华:《网站原型交互设计》，清华大学出版社 2021 年版。
[26] 黄琦、毕志卫:《交互设计》，浙江大学出版社 2012 年版。
[27] 阮进军、孙握瑜:《UI 交互设计与实现》，中国铁道出版社 2020 年版。
[28] 朵雯娟:《交互设计基础与应用》，化学工业出版社 2020 年版。
[29] 张贵明:《新媒体交互设计研究》，江西美术出版社 2020 年版。
[30] 郭娟:《交互设计的创新与教育探究》，吉林出版集团股份有限公司 2020 年版。
[31] 李四达:《交互设计概论》，清华大学出版社 2009 年版。
[32] 宋鸽:《全息影像技术在城市展览馆交互设计中的应用》,《鞋类工艺与设计》2022 年第 17 期。
[33] 鲁若璇、李霞:《情境感知下的动态品牌形象交互设计》,《设计》2022 年第 11 期。
[34] 巩远征:《基于用户体验的网页交互设计原则及路径探究》,《鞋类工艺与设计》2022 年第 10 期。
[35] 黄嵩:《交互设计在文化创意产品中的运用》,《文化产业》2022 年第 14 期。
[36] 裴竞艺:《基于数字游戏的城市公共空间交互设计初探》,《工业设计》2022 年第 4 期。
[37] 傅承基、张耀天:《基于数字游戏的城市公共空间交互设计初探》,《鞋类工艺与设计》2022 年第 7 期。
[38] 邓昕、许柏鸣、王礼先:《交互设计理念下的橱柜设计要素：基于 SEM 的实证分析》,《林业工程学报》2022 年第 2 期。
[39] 胡榕、黄智宇、刘萍等:《基于用户场景的交互设计策略研究》,《设计》2022 年第 4 期。
[40] 李珂、彭璐、周冰洁:《情感化交互设计在展览馆中的应用》,《湖南包装》2022 年第 1 期。
[41] 沈兰宁:《基于用户体验的移动端 UI 交互设计探究》,《电脑知识与技术》2022 年第 3 期。

[42] 房雅珉:《探讨智能家居产品中的交互设计应用》,《大众标准化》2022 年第 2 期。
[43] 郭涛:《虚拟现实中的交互设计》,《电子技术与软件工程》2022 年第 2 期。
[44] 王伟伟、魏婷、余隋怀:《基于知识图谱的情境感知交互设计研究综述》,《包装工程》2021 年第 24 期。
[45] 张轩:《基于设计心理学的产品交互设计研究》,《工业设计》2021 年第 11 期。
[46] 孙童:《基于交互设计的要素情感研究》,《鞋类工艺与设计》2021 年第 19 期
[47] 杨惠玲、熊强:《城市绿道的智能交互设计研究》,《美与时代(城市版)》2020 年第 11 期。
[48] 赵若妤、张继兰、刘柯三:《基于交互设计理念的互动型景观设计研究》,《现代园艺》2021 年第 19 期。
[49] 张和胜:《交互设计在室内空间设计中的运用与实践》,《工业建筑》2021 年第 9 期。
[50] 陈慰平:《基于物联网的交互设计方法研究》,《艺术与设计(理论)》2021 年第 9 期。
[51] 吕宛凌:《新媒体的交互设计在广告中的应用》,《艺术市场》2021 年第 9 期。
[52] 余奕苗、李健:《基于情境体验的环境行为交互设计研究》,《设计》2021 年第 16 期。
[53] 宗威、徐安妮:《人工智能背景下交互设计伦理研究》,《工业设计》2021 年第 8 期。
[54] 张晓娜、李青云:《基于手机游戏中 UI 界面的交互设计》,《电子技术与软件工程》2021 年第 15 期。
[55] 张琪:《交互设计在工业设计中的研究》,《艺术与设计(理论)》2022 年第 10 期。
[56] 张元、周钰彤:《新媒体艺术创作中的交互设计和应用》,《上海包装》2023 年第 1 期。
[57] 凌思佳、谢君君:《虚拟现实技术在儿童房室内交互设计中的应用研究》,《城市建筑空间》2022 年第 S2 期。
[58] 时嘉俊:《数字媒体艺术在交互设计中的应用》,《新美域》2022 年第 12 期。
[59] 李敏林:《交互设计在展示空间设计中的应用》,《新美域》2022 年第 12 期。

[60] 石小滨:《交互设计在家居改造中的应用》,《工程抗震与加固改造》2022 年第 6 期。

[61] 赵畅:《UI 交互设计在电子游戏界面设计中的应用》,《鞋类工艺与设计》2022 年第 22 期。

[62] 李勇、郝瑞敏、林晓鹏:《用户体验视角下的人车交互设计研究》,《美术学报》2022 年第 6 期。

[63] 杨朋朋:《从日用产品的交互设计看智能化发展趋势》,《鞋类工艺与设计》2022 年第 20 期。

[64] 刘聪、朱兰芹:《基于多模态交互的汽车人机交互设计研究》,《汽车电器》2022 年第 8 期。

[65] 陈多加、宋飘逸、徐淦:《交互设计理念下的住宅室内空间设计研究》,《建筑与文化》2022 年第 6 期。

[66] 王恒:《信息化时代"复杂系统数字界面人机交互设计"至关重要》,《中国航空报》2016 年 1 月 19 日第 W02 版。

[67] 朱宏:《交互设计影响网站用户体验》,《计算机世界》2008 年 11 月 10 日第 046 版。

[68] 江鸟的设计生活:《设计中的交互设计》(https://baijiahao.baidu.com/s?id=1757796252559890998&wfr=spider&for=pc)。

[69] 心际花园:《什么是交互设计》(https://baijiahao.baidu.com/s?id=1764308172350812621&wfr=spider&for=pc)。

[70]Wang S, "Interactive design method of English online learning interface based on visual perception", *International Journal of Continuing Engineering Education and Life-Long Learning* Vol.2-3, 2023.

[71]Deng F, "Research on Virtual Reality Interactive Design of Alien Beast Images in the Classic of Mountains and Rivers", *Frontiers in Art Research* Vol.17, 2022.

[72]Wang Z, "The Impact of Emotional Interaction Design on Museum Displays", *Journal of Humanities, Arts and Social Science* Vol.4, 2022.

[73]Greenhalgh M, "Intelligent Interaction Design of Library Based on Artificial Intelligence", *Computer Informatization and Mechanical System* Vol.1, 2020.

[74]Mihaescu C M, "Using Learner's Classification Methodology for Building Intelligent Interaction Design", *IJCSA* Vol.3, 2012.

[75]Xiang F, Liu J, "Research on Interactive Visual Design from the Perspective of Metaverse", *Frontiers in Art Research* Vol.8, 2022.

[76]Zhong M, "APPlication of Interaction Design in New Media Advertising", *International Journal of Frontiers in Sociology* Vol.6, 2022.

[77]Li, Kunyu, Li, et al, "AI driven human–computer interaction design framework of virtual environment based on comprehensive semantic data analysis with feature extraction", *International Journal of Speech Technology* Vol.4, 2022.

[78]Wa A, Shaobin W, Ye C, et al, "Interaction design of financial insurance products under the Era of AIoT", *Applied Mathematics and Nonlinear Sciences* Vol.2, 2022.

[79]Ren W, Wu Q, Li X, et al, "Research on Improving User Security Experience in Mobile Banking Interaction Design", *Journal of Social Science and Humanities* Vol.10, 2022.

[80]Filipe L S D, Afonso P J P, Pimenta A F, "Mobile User Interaction Design Patterns：A Systematic MAPPing Study", *Information* Vol.5, 2022.

[81]Pietro B, Marianna G D, Marco R, et al, "Interaction Design Patterns for Augmented Reality Fitting Rooms", *Sensors* Vol.3, 2022.

[82]M.C. F A V, Freese R G, "Existential time and historicity in interaction design", *Human–Computer Interaction* Vol.1, 2022.

[83]David B, Tamara C, Erin L, et al, "Fostering shared intentionality for diverse learners through cross-sensory interaction design", *Proceedings of the Annual Meeting of the Cognitive Science Society* Vol.44, 2022.

[84]Fiona F, Cassandra T, Saif H, et al, "Expressive Interaction Design Using Facial Muscles as Controllers", *Multimodal Technologies and Interaction* Vol.9, 2022.

[85]Xu J, Du M, "The APPlication of Interaction Design in Urban Public Space", *International Journal of Frontiers in Sociology* Vol.17, 2021.

[86]Haiyan M, Jing T, S G D, et al, "A scalable solid-state nanoporous network with atomic-level interaction design for carbon dioxide capture", *Science advances* Vol.31, 2022.

[87]Mihai M R, Yvonne S S, H. J W, et al, "Low - Dimensional Embeddings for Interaction Design", *Advanced Intelligent Systems* Vol.2, 2021.

